DE

L'AGRICULTURE

EN

Europe et en Amérique,

Par P. Deby.

Imprimerie
DE MADAME HUZARD.
1825.

hommage de l'auteur à
Monsieur Le Mut comme
gage de son attachement
et de son respectueux
dévouement

Paris le 28 avril 1825

Deb...

DE L'AGRICULTURE

EN

EUROPE ET EN AMÉRIQUE.

IMPRIMERIE

DE MADAME HUZARD (NÉE VALLAT LA CHAPELLE),
rue de l'Éperon, n° 7.

SULLY

A l'âge d'environ 42 ans, d'après le portrait original de Franch-hala,
Peintre contemporain.

De

L'AGRICULTURE

EN

EUROPE ET EN AMÉRIQUE,

CONSIDÉRÉE ET COMPARÉE

DANS LES INTÉRÊTS DE LA FRANCE ET DE LA MONARCHIE ;

SUIVIE

d'Observations

SUR LES PROJETS DE SULLY ET DE COLBERT ;

Par P.-M.-H. Deby,

ANCIEN PAYEUR DES ARMÉES, CHEVALIER DE L'ORDRE DE CHARLES III.

> Pâturage et labourage sont les deux mamelles
> qui nourrissent la France et qui valent mieux
> que tout l'or du Pérou.
>
> SULLY.

Tome Premier.

A PARIS,

CHEZ MADAME HUZARD, IMPRIMEUR-LIBRAIRE,

RUE DE L'ÉPERON SAINT-ANDRÉ, N° 7.

1825.

Avant-Propos.

Des circonstances liées aux événemens politiques m'ont déterminé à me hasarder dans l'arène où se présentent ceux qui désirent contribuer aux progrès de l'Agriculture : je ne me suis point dissimulé les difficultés de la tâche que j'allais entreprendre ; mais en réfléchissant qu'il s'agissait moins d'exposer des idées purement spéculatives que de rapprocher et de comparer des faits positifs, j'ai pu espérer que, si ce travail n'offrait pas des traits brillans, on ne pourrait au moins me refuser d'avoir cherché à marcher vers un but d'une utilité reconnue.

Quoique j'aie partagé long-temps les vicissitudes attachées aux mouvemens continuels des armées actives, que j'ai suivies en faisant onze campagnes, y compris la dernière en Espagne; j'eus néanmoins à remplir les longs intervalles que me laissa l'interruption de mes services. En me livrant à des investigations sur une question qui touche aux intérêts généraux de la France, j'ai conçu l'espoir de faire une chose utile.

L'Allemagne, l'Italie et la

Suisse, que j'avais visitées dans le cours de mes fonctions administratives, se présentèrent à moi comme autant de terres classiques faites pour fixer les regards de l'observateur agronome : je voulus les observer de nouveau avant de rentrer en France; j'y notai tout ce qui pouvait intéresser mon sujet, et je cherchai à m'aider des relations que j'avais pu y former, pour acquérir les notions les plus exactes possible sur la situation économique et agricole de ces divers pays.

Comme il est difficile d'éviter l'erreur en agriculture lorsqu'on ne s'assure pas, par sa propre expérience, de l'efficacité des théories nouvelles, et désirant vérifier moi-même les méthodes publiées par les

Comtes Dandolo, Verri, Philippe Re et M. Giobert, je pris à ferme quelques terres en Italie, afin de pouvoir faire la comparaison entre les méthodes indiquées par nos excellens auteurs et celles que venaient d'introduire les célèbres agronomes que j'ai cités. *

* Quelques mois avant mon retour en France, le Président de la Commission centrale de la province du Bresciau (Lombardie), M. Clément Rosa, et le Directeur du Lycée, le Comte Hyacinthe Monpiani, se réunirent pour me faire la proposition de me charger de la fondation d'un Institut agricole dans un lieu délicieux appelé Rodingo, dans les environs de Brescia, afin d'y propager les théories sur lesquelles j'avais fait des expériences qui avaient été remarquées. La lettre de ces dignes Administrateurs, que je conserve comme un gage précieux, me remplit de reconnaissance; mais je n'étais plus assez jeune pour m'occuper d'une entreprise à laquelle je n'aurais voulu me livrer qu'avec l'espoir d'en voir le succès, et d'ailleurs bien des raisons me rappelaient vers la patrie.

Je profitai de mon séjour en Italie pour établir des relations particulières avec le Parmentier de cette péninsule, le Comte Dandolo. A l'article Notice sur Varèze, tome 2, j'indique les renseignemens que j'ai pu me procurer auprès de lui.

De retour en France, je m'occupais de coordonner ces matériaux, pour en former l'ensemble que j'offre aujourd'hui au public, lorsque s'ouvrit la dernière campagne d'Espagne : alors jaloux de remplir de nouveaux devoirs, je suspendis ce travail ; heureux de pouvoir ajouter à d'anciens services de nouveaux titres dans une armée commandée par un Bourbon !

Ma mission finie avec la campagne, je m'arrêtai encore quelque temps sur le sol espagnol pour y recueillir des renseignemens sur la vérité de la situation économique et agricole d'un pays sur lequel l'Europe avait les yeux fixés.

Le projet qui m'avait souri d'abord avait été d'entreprendre une Statistique agricole de l'Europe et de l'Amérique, qui sont les deux parties du globe avec lesquelles la France a les rapports les plus nécessaires ; d'offrir le tableau de leurs productions ; d'indiquer les causes du mouvement d'accélération ou du retard qu'elles éprouvent : mais je ne me flatte point d'avoir vaincu les difficultés, et il faut le dire avec un des apologistes de

Colbert : * Plus l'on examine les productions de l'esprit humain, et plus l'on
voit que les hommes, dans tous les temps,
se sont beaucoup plus occupés des passions
du corps moral et politique, que des besoins
du corps physique, et par conséquent des
vues qui tendent à l'amélioration de la
condition humaine.

La science économique, aux succès
de laquelle sont autant attachés les biens
de l'avenir que ceux du présent, marche
à pas lents, et le prodigieux développement de l'art de la mécanique n'a
fait que rendre sa marche plus incertaine. Les Écrivains français et anglais ne s'accordent point encore sur

* Pélisseri.

différentes propositions essentielles ; mais leur opinion est uniforme sur celle qui sert de base à cet ouvrage : c'est l'utilité de la sage distribution du travail.

Discours Préliminaire.

La connaissance des ressources et des besoins de la société ne peut être une chose indifférente pour son bonheur : les tableaux de l'administration financière donnent bien un aperçu de son état économique ; mais ils n'expliquent point les causes du retard ou du mouvement d'accélération de cette industrie reproductive qui fournit à nos premiers besoins ; ils ne forment point un fanal assez lumineux pour préserver les classes productives des écueils si funestes au bien des familles, et par conséquent à la prospérité de l'État.

Dans la situation morale et physique où se trouve aujourd'hui l'Europe, il n'est guère possible qu'aucune puissance reste étrangère à ce qui se passe autour d'elle. Nous voyons deux États situés à deux extrémités opposées, l'un à l'orient, la Turquie, l'autre, à l'occident, l'Espagne, marcher vers leur affaiblissement. En cherchant à se défendre de tout point de contact avec les nations voisines, en s'obstinant sur-tout à repousser l'emploi de ces forces industrielles qui ont contribué à l'amélioration de la condition humaine, et ont élevé des populations plus saines et plus nombreuses, ces puissances ont perdu ce principe de vigueur et d'énergie, qui, lorsqu'il est soutenu par la sagesse, comprime, diminue ou détruit les résistances.

Beaucoup d'écrivains ont fait le tableau des mœurs, de la civilisation, de la législation et de l'industrie des nations, et sur-tout de celles qui, sous

différens rapports, sont en première
ligne. Les travaux de ces peintres habiles offrent un mérite auquel je ne me
flatte point d'atteindre. En retraçant
l'histoire des faits et le caractère des
générations auxquelles ils ont appar-
tenu; en indiquant l'origine des empires et des cités les plus renommés,
ainsi que les causes de leur destruction, ces auteurs montrent aux hommes
le chemin de l'expérience. Mais, il faut
l'avouer, leurs leçons ne suffisent pas
toujours pour éclairer ceux qui les ont
étudiées, et l'on en voit un grand nombre tomber, même en suivant ces gui-
des habiles, dans les plus graves erreurs : c'est qu'il leur manque l'éducation primitive, sans laquelle le burin
de l'histoire ne laisse que de légères em-
preintes : car les leçons de l'histoire
peuvent être comparées à un premier

dessin; mais les exemples sont autant de traits qui demeurent profondément gravés.

Si les esquisses que j'ose publier ne renferment point de ces grandes scènes qui préparent aux vives émotions, on reconnaîtra du moins qu'elles embrassent le sentiment de l'avenir : elles déterminent un point de départ, elles démontrent l'ensemble des combinaisons, et réunissant dans un même cercle les idées qui se rattachent à un même but, elles viennent à l'aide de l'imagination pour en approfondir les résultats.

En donnant un aperçu des progrès de l'agriculture d'États grands ou petits, au nombre de dix-huit, mon plan fut d'abord de ne point sortir du cercle des idées économiques ; mais il m'eût été difficile de parler d'une terre dotée des plus riches faveurs de la Providence, couverte d'une population irrégulièrement répandue, qui, malgré la fécondité du sol, se débat contre la misère et les vices qu'elle entraîne, sans essayer d'en signaler les causes.

Si parfois cette considération m'a conduit à faire des incursions dans le champ de la politique, j'ai toujours cherché à n'y voir que les choses qui sont moins mobiles que les hommes, afin d'offrir aux vues généreuses du Gouvernement les perfectionnemens dont elles sont susceptibles.

La vue de ces *châteaux ailés* qui sillonnent les mers rappelle, sans doute, l'idée imposante des efforts du génie; il n'en est point qui provoque davantage l'admiration. Mais bientôt succède à ce premier sentiment la pensée douloureuse des naufrages les plus dé-

plorables. Sans négliger les ressources
de la marine, qui facilite les rapports
d'un commerce utile entre les nations,
n'avons-nous pas raison de porter nos
premiers regards sur une scène moins
périlleuse ? Cette terre cultivée par des
bras victorieux ne présente-t-elle pas
l'idée d'une force moins fragile et d'une
victoire moins coûteuse et plus assurée ?

Les écrivains modernes ont observé
que le malaise d'une des classes de la
société provenait moins de la surabondance des produits alimentaires que du
défaut de répartition du travail. De là
résultent deux conséquences : la première, c'est que, pour qu'un travail soit
profitable, il est nécessaire que celui
qui s'y livre puisse recevoir des notions
sur les besoins présens et à venir du
consommateur, et la seconde, qu'il soit
assez instruit pour éviter de consumer

son temps et ses forces dans des occupations stériles.

D'où peuvent jaillir les rayons de lumière que réclament les intérêts d'une grande partie de la population, si ce n'est d'institutions et d'encouragemens donnés par l'autorité ? Il n'en est pas du cultivateur comme du commerçant. Le premier agit isolément ; le travail et les fatigues forment un obstacle au développement de son intelligence, et il reste dans l'ornière, si des soins généreux ne viennent l'éclairer. De là cette obstination dans l'aveugle routine, qui contribua, dans les siècles d'ignorance, à produire tant d'effets ruineux, des famines, des guerres, la dépopulation. Le commerçant, au contraire, en rapport avec tout l'Univers, est maintenu dans l'exercice continuel de ses facultés morales ; l'étude,

les voyages, les relations avec les différentes classes de la société, rien ne
manque à son instruction et à son expérience.

En voyant, dans le court espace de
vingt-cinq ans, la propriété foncière en
Angleterre, triplée, quadruplée et même
quintuplée, suivant les localités, beaucoup d'auteurs qui ont traité cette matière soutiennent que nos agriculteurs
manquent de capitaux, que nos moyens
de communication sont encore rares et
difficiles. Ces propositions me paraissent incontestables ; mais ce qui ne
l'est pas moins, et sur quoi il est nécessaire d'appuyer davantage, c'est que
l'agriculture, ou plutôt ceux qui exécutent ses travaux, manquent de lumières, et que là où il n'y a point de
notions relatives, il n'y a point de garantie morale de succès. Sans cela,

pourquoi les capitalistes ne confieraient-
ils pas plus volontiers leurs fonds à l'a-
griculteur, dont les travaux d'une évi-
dence infaillible en justifieraient toujours l'emploi, qu'à des entreprises commerciales, lointaines, soumises à des
chances aventureuses et dirigées par des
hommes dont il est impossible qu'ils
connaissent l'esprit et les mœurs?

Tel fut l'effet du dépérissement des
choses humaines : l'art qui paraît le
moins compliqué; l'art qui, par cela
seul qu'il se rattache aux premiers besoins de l'homme, semblerait ne devoir jamais décliner, a pourtant fléchi,
comme tous les autres, sous le joug de
la barbarie. La mouture du blé avait
dégénéré. D'après les rapports de deux
auteurs accrédités, un setier de blé
pesant deux cent quarante livres ne rendait, au moyen âge, que moitié de son

poids en pain, et encore de mauvaise qualité (1). Pline rapporte, au contraire, que les Romains, lorsqu'ils cessèrent de se nourrir de gruau, formèrent du pain de froment, qui rendait un tiers en sus, et que cent quatorze livres de blé ne donnaient que trois livres de son (2).

Le commerce a ses écoles, les arts de toute nature ont leurs écoles, et l'agriculture n'a pas les siennes ! N'est-elle pas un art physique comme tous les autres ? Elle est, de plus, parmi les arts économiques, celui qui se ramifie davantage, et dans lequel le retard des connaissances approfondies amène les résultats les plus graves. Une seule méthode qui augmenterait le produit général du

(1) *Traité de la police*; par le commissaire Delamarre.
(2) *Essai sur la mouture*; par Dupré de Saint-Maure.

froment de dix pour cent ajouterait une valeur de soixante-dix millions de plus dans la masse des capitaux.

La Suisse, l'Angleterre, la Hollande, la Prusse, la Russie, et en général tous les États de l'Allemagne, ont vu se former, dans ces derniers temps, des instituts agricoles : ces établissemens, ou publics, ou privés, ont tracé dans leur marche des exemples à suivre et signalé des écueils à éviter. Si ceux qui gagnent de vitesse ont pour eux les avantages du temps, ils ont aussi contre eux le désavantage de n'être pas toujours ceux qui recueillent les fruits de l'expérience. Ces institutions ont quelquefois semé irrégulièrement leurs lumières : ici, ce sont des améliorations dans une seule contrée, au préjudice d'une autre ; ailleurs, ce sont des écoles qui sont sorties de leur but primitif

et spécial, et ont manqué de se mettre
en harmonie avec les principes du
Gouvernement. Il serait digne d'une
époque mémorable d'élever de ces établissemens où l'agriculteur puiserait
une instruction spéciale qui, loin
d'entraîner la diffusion des lumières,
les rendrait au contraire plus précises
et les fixerait dans un cercle déterminé.

L'impératrice Catherine fut la première qui établit sur un plan assez
vaste une école d'agriculture à Pétersbourg; l'impératrice Marie-Thérèse
s'occupa des mêmes idées : je parlerai
des créations de ces deux grandes souve-
raines aux articles de la *Russie* et de
l'*Autriche*. En portant leurs regards
sur cette classe nombreuse et si souvent
négligée, elles prouvèrent qu'une honorable sensibilité peut s'accorder avec les
vues de la plus saine politique.

Si la charité, cette vertu sublime, cherche les moyens de porter à la misère les secours les moins temporaires, et ceux qui vont plus directement à leur vrai but, comment pourrait-elle les offrir plus sûrement que par la formation de ces ateliers destinés au perfectionnement de l'art du cultivateur, où non-seulement l'on crée le travail, mais encore où l'on en fait naître le désir et l'habitude?

Le travail peut payer une grande partie ou la totalité des frais des établissemens agricoles. Toutes les fois que le travail manuel fait partie essentielle de l'instruction, que les regards du public paraissent un contrôle toujours ouvert des actions de ceux qui dirigent, et que l'application des lois de l'économie est dans l'intérêt de leur conservation, il est impossible qu'il n'y ait pas de résultats favorables. Le travail de cent cinquante

ou deux cents jeunes gens doit nécessairement offrir une compensation des
premières avances; les pépinières, les
bureaux d'échange de graines, les autres branches d'économie dont je présente le plan dans le cours de cet ouvrage, ne peuvent pas être vains.

En France, la classe agricole compose les deux tiers de la population:
en Angleterre, elle n'en forme que le
tiers. La nature a donc assigné à chacune de ces deux puissances des causes
physiques de prépondérance; et de la
non-conformité de leur état social
devrait naître la raison des besoins et
des secours mutuels. La France a les
premières causes de sa prospérité dans
son sein; l'Angleterre a les siennes répandues sur toute la surface du globe.
La France a donc, comparativement à
l'Angleterre, un double intérêt, qui doit

la porter à rechercher les moyens de
tirer tout le parti possible de ses avantages territoriaux.

Les Sociétés académiques et même
celles d'agriculture de plusieurs départemens ne peuvent remplacer, par l'impulsion qu'elles donnent, dès institutions spéciales. Elles présentent, dans
leur ensemble, des vues générales sur
l'histoire naturelle, la mécanique, le
commerce, l'agriculture, la statistique
et les antiquités; mais leurs travaux
sont loisibles. L'art le plus utile, l'art
de produire ne forme pas l'objet de leur
application particulière. Elles peuvent
bien offrir le tribut de leurs lumières
à un centre commun créé par le Gouvernement; mais leurs mémoires ne
sont le plus souvent connus que de
ceux qui n'exécutent pas, et ils seront
toujours insuffisans pour déterminer

la généralité des agriculteurs à travailler à la réabsorption des richesses
que les dépenses improductives et les
habitudes du luxe nous enlèvent jour-
nellement.

Le public juge le temps présent,
la raison d'état voit les intérêts de
l'avenir. La sage administration doit
porter dans son sein le germe du bonheur de la génération qui s'élève. L'art
de répartir les forces industrielles prévient les calamités des temps futurs;
il embrasse des vues à-la-fois politiques et philantropiques, dirige vers
un esprit agricole et conservateur les
individus assez malheureux pour avoir
un caractère inquiet et turbulent; il
met en pratique les principes de la politique la plus humaine, qui sont de subs-
tituer des passions nobles à des passions
dangereuses, qu'il est difficile de ré-

primer avec la violence sans faire gémir l'humanité.

Les principes de cette saine morale ont eu la plus heureuse application en France depuis que la Providence nous a rendu le père de famille. Les causes de vigueur et de prospérité ont prévalu sur celles de destruction ; un germe de vitalité s'est développé dans les divers élémens du corps social ; mais le désir d'atteindre au mieux possible est toujours dans la pensée de tout homme ami de son pays, et n'est-ce pas travailler à éloigner un terme funeste que d'appeler la prévoyance sur le bien qui reste encore à faire ?

Les propriétaires se plaignent du peu de produit de leurs terres, et, dans leur mécontentement, ils s'abandonnent à une résolution funeste aux intérêts généraux. De superbes domai-

nes, divisés par lambeaux, finissent
par devenir le partage de très-petits
propriétaires, tristes jouets du sort,
qui se tourmentent vainement au milieu de quelques morceaux de terre
qu'ils cultivent par eux-mêmes, et sur
lesquels il est impossible qu'ils mettent
en pratique les méthodes utiles d'économie rurale dont l'application ne peut
avoir lieu que sur une tenure d'une
vaste étendue. La cause du mécompte
de ces grands propriétaires est très-
claire; ils ont déserté leurs terres, et
beaucoup de leurs fermiers en sont restés
au point où ils étaient il y a trente ans :
la méthode expérimentale leur a manqué. Si quelques-uns d'entre eux ont
entendu parler de méthodes nouvelles,
tout s'est réduit à des raisonnemens
que d'autres raisonnemens sont venu
détruire : il n'y a pas eu moyen

rendre docile leur intelligence. On objectera qu'en Angleterre le Gouvernement n'entretient pas d'écoles spéciales, et que pourtant il n'y a point ce retard que l'on remarque encore dans certaines contrées de la France, où le cultivateur devrait être plus éclairé, parce qu'en sa qualité de propriétaire, il est stimulé par son propre intérêt, qui est le plus clairvoyant de tous les maîtres, à la recherche des perfectionnemens. Il est nécessaire de combattre la fausseté d'un raisonnement qui n'est pas seulement populaire, mais qui encore s'est accrédité auprès de quelques personnes instruites à fond sur cette matière.

En Angleterre, il y a une classe d'agriculteurs aisés, distingués par leurs mœurs et leur éducation, toujours entourés de cette considération qui

2.

établit dans chaque domaine, fief ou
propriété inaliénable, un foyer de lumières et d'autorité, enfin un gouvernement domestique. Le *gentleman
farmers*, plus connu des cultivateurs
que le vrai propriétaire, suit les exploitations rurales avec ce degré d'intelligence que pourrait exiger une entreprise de commerce. Il ne s'établit point
s'il n'a réuni une masse de capitaux suffisante pour prévenir toute les chances
malaventureuses ; enfin, sa présence
détruit tous ces chocs de passions et
d'amour-propre qui, dans les pays où
la propriété est si divisée, établissent
une véritable démocratie.

A mesure que les hommes sont plus
instruits, ils se comprennent beaucoup
mieux. De là l'esprit d'association, qui
rend facile en Angleterre ce qui serait impraticable ailleurs où se trouve

une disparité frappante de talens et de fortune.

Les modèles que j'expose aux yeux du lecteur, et qui sont pris à des sources que j'indique, auraient pour but de créer une classe éclairée et enseignante. Les travaux, conduits avec jugement et prévoyance, tourneraient au profit du Gouvernement et des propriétaires, qui augmentent toujours leurs revenus par un travail bien entendu.

Le cultivateur en grand accroît les ressources de la société; les consommations relatives sont toujours moins abondantes sur une vaste exploitation; le travail s'y multiplie davantage, parce qu'il est prouvé que plus les hommes sont nombreux, plus ils s'encouragent réciproquement; le surveillant ou le conducteur du travail redouble d'attention quand l'intérêt qui le dirige est

plus considérable; enfin, dût cette vérité être contestée, celui qui cultive avec
intelligence une exploitation assez vaste
pour qu'elle permette des entreprises
spéculatives et rurales de diverse nature, est le soutien de la société : au
lieu que le très-petit propriétaire, réduit
le plus souvent à faire un travail à la
bèche et qui n'abonde pas, n'est rien
qu'un égoïste qui ne travaille que pour
lui-même.

Il n'est point ici question d'institutions qui présentent des dissonances
contraires à l'ordre et aux principes du
Gouvernement. Il ne s'agit pas non plus
de susciter des intérêts privés en op-
position avec ses maximes fondamen-
tales. Notre vœu se borne à rattacher
toutes les idées à un centre commun,
à un point de coïncidence qui, comme
un phare élevé, porterait ses lumières

bienfaisantes sur toute l'étendue de ce beau royaume.

Encore aveuglé par la confusion des idées sociales, le cultivateur sort souvent du cercle tracé par la raison de ses besoin. S'il respire l'air corrupteur des villes, il n'en prend que les mœurs et les habitudes les plus dangereuses pour lui, parce que les désordres passent facilement de chez les hommes en vue, dans ceux qui n'ont que l'instinct de l'imitation. Enfin, par-tout cette classe première, utile et faible, n'attend qu'une impulsion pour revenir à ses vertus et à ses mœurs antiques, qui maintiennent en elle cette pudeur nécessaire, qu'elle n'osait violer autrefois de peur de rompre le lien de ses habitudes et de ses usages.

Pour arriver au but de fixer les idées sur l'état de la France agricole, et sur

cet art dont les succès vont adoucir le
sort de l'infortune jusque dans ses derniers réduits, je chercherai, dans le
cours de cet ouvrage, à promener les
regards du lecteur dans une vaste galerie, afin d'y arrêter son attention sur
diverses fondations élevées par la politique et la philantropie. Quoique j'aie
commencé ce recueil depuis long-
temps, que j'aie fait des voyages multipliés, pour être à même de vérifier les
notions que je présente, je crains cependant qu'il ne soit encore incomplet;
mais le but principal étant de présenter
un ensemble pour déterminer l'opinion
du lecteur sur l'état économique et agricole de l'Europe, les matériaux que j'ai
disposés, et que je lui présente, doivent
suffire pour l'instruire et le fixer.

L'économie publique présente une
question neuve et d'autant plus diffi-

cile à résoudre, que l'antiquité n'offre point de terme de comparaison. Les productions alimentaires de la société se trouvent sur plusieurs points dans une proportion qui excède ses besoins : il en résulte encombrement des marchés, rareté de la main-d'œuvre, diminution du prix des fermages. L'ouvrier, réduit à ne plus trouver de travail qu'en traitant au rabais, n'obtient plus un salaire en rapport avec ses besoins : heureux encore quand un fermier sans pitié ne refuse pas de lui accorder son gagne-pain !

Dans les siècles de barbarie, le législateur eut à s'occuper des moyens de prévenir les conséquences des famines qui ont dépeuplé le sol français. Aujourd'hui, grâce au développement des sciences économiques, les disettes ne sont plus à craindre. Mais un autre genre

de calamité s'est déjà annoncé par quelques symptômes, c'est la disette du
travail. L'intérêt privé a beau être clairvoyant, les mesures de prévoyance qui
pourront établir la répartition du travail et prévenir le malheur des nombreux ouvriers en agriculture, n'appar-
tiendront jamais à des particuliers : ils
ne peuvent avoir que des notions in-
directes sur les produits généraux, et
sur ceux dont il convient d'encourager
la propagation. Si l'intérêt public exige
des efforts et des sacrifices, ce n'est pas
non plus aux particuliers qu'il appartient de les faire, car ils savent bien
que les probabilités sont toujours contre
ceux qui entreprennent, mais au Gouvernement, dont l'intervention, sur-
tout en France, est secondée par l'opinion publique, parce qu'étant accompagnée de moyens suffisans, elle ne

laisse jamais douter du succès, et que présentant l'idée de la force, elle éloigne tout esprit de rivalité.

Dans l'état actuel des gouvernemens européens, les bases sur lesquelles repose le système d'économie agricole contribuent à former une des garanties du crédit public. Plusieurs écrivains pensent que l'ame et la question première du système économique de la France, c'est l'agriculture : c'est donc en lui donnant l'importance dont la richesse du sol peut la rendre susceptible, que l'on pourra augmenter, diviser et répartir les ressources, prévenir les nécessités et multiplier ceux des produits qui manquent à nos arts industriels et à nos besoins présens et à venir.

En créant des valeurs de crédit et un numéraire fictif, l'Angleterre créa en quelque sorte un sol nouveau; si la dette est de vingt milliards (1), l'augmentation de la valeur territoriale excédera le montant de cette dette : or, les fonds livrés à la conscience du Gouvernement n'ont fait qu'augmenter les capitaux de l'Angleterre, et comme l'intérêt public et celui des particuliers se trouvent étroitement liés, il en résulte que la richesse territoriale des particuliers n'a fait que soutenir le crédit public.

On sentira que ce n'est point en s'attachant à des travaux stériles et en négligeant la répartition du travail qu'une nation industrieuse a pu élever

(1) M. de Vaublanc élève la dette de l'Angleterre à trente milliards (*Journal des Débats* du 8 juillet 1824); M. Charles Dupin l'élève à dix-neuf milliards (*État politique de l'Angleterre au commencement de 1823, système d'administration*), et M. J.-B. Say est d'accord avec ce dernier (*Traité d'économie politique*, chap. *De la dette publique*).

l'agriculture au niveau des autres branches d'industrie : nous avons plus qu'elle
des contrées où nous pouvons étendre
avec avantage la multiplicité des produits qui manquent à nos arts et aux
siens; nous avons un sol plus fécond,
plus varié, qui semble n'attendre que
de hautes dispositions pour étaler aux
regards de l'étranger ces riches campagnes cultivées par des mains diligentes
et par des hommes éclairés.

En décorant nos terres de ces ra-
vissans tableaux qu'offrirait une agriculture perfectionnée dans un pays où
le climat tempéré seconde les travaux
que l'homme prodigue à la terre, où
l'honneur est le premier mobile de ses
actions, où l'auguste protection du
Monarque établit un motif d'encouragement pour tous ceux qui se livrent
à l'industrie, c'est alors que nous pour-

rons dire aux étrangers qui abordent
dans nos ports et parcourent nos provinces : « Venez connaître nos lois,
» nos usages, notre hospitalité; c'est
» ici la terre où le commerce habi-
» tuel de la vie offre un charme qui
» en double le prix; c'est encore ici
» le lieu où l'on peut goûter cet en-
» semble de biens moraux et physi-
» ques, après lesquels court l'homme
» dans l'état de l'aisance. »

Les motifs de la discontinuité des
perfectionnemens commencés par les
deux grands ministres dont je parle
dans le cours de cet ouvrage (*Colbert*
et *Sully*), ne proviennent que du retard
de la science. Leurs plans généreux et
vastes eurent le défaut d'être trop liés
à l'existence de leurs fondateurs; ils
tenaient trop à l'homme, dont la vie ne
suffit pas pour suivre toutes les expé-

riences qu'entraîne un art économique.
Il n'appartient donc qu'à un corps
fondé dans un but unique, et chargé de
recueillir les méthodes diverses, de les
rapprocher et de les comparer, de diriger l'exécution des plans et d'en assurer le succès pour l'avenir. Cette institution, qui réunirait les conditions
qu'exigent nos rapports intérieurs et
extérieurs, et les qualités du climat,
en soumettant ses épreuves à une direction de membres instruits dans
la théorie comme dans la pratique,
travaillerait sous les yeux de la France
entière; elle formerait un conservatoire
de l'art des patriarches; elle aurait pour
aiguillon l'espoir de l'approbation publique, et pour sa plus belle récompense le sentiment consolateur que
donne la persuasion d'avoir contribué à
l'amélioration de la condition humaine.

Dans les premiers siècles de la Monarchie, lorsque l'Europe enflammée
par le merveilleux d'entreprises religieuses et héroïques arrosait du sang
de ses habitans des contrées lointaines
et barbares, pour l'honneur et la défense de la croix, les paisibles habitans des couvens se dévouèrent à
l'agriculture et à la conservation des
arts utiles. Depuis ces époques, couvertes maintenant du nuage de l'antiquité, le corps social a subi des com-
motions, qui, si elles n'ont pas déna-
turé l'état des choses, ont au moins
apporté des changemens, dont naît le
besoin de théories nouvelles appliquées à
notre situation et à la marche des arts
et des événemens.

La découverte de l'Amérique a
changé l'état économique de l'Europe.
Nous avons acquis l'or, nous avons ac-

quis des besoins nouveaux. L'or est
transitoire, les besoins sont perma-
nens; l'or souvent nous fuit, les besoins sont identifiés avec nous : par
l'effet de longues habitudes devenues
des nécessités, ils ont créé une seconde
nature dans l'homme qu'ils ont asservi.
La connaissance des besoins doit conduire et exciter à la recherche des ressources.

L'industrie manufacturière est trop
fugitive quand elle n'a d'autres appuis
que dans elle-même ; quand au contraire elle est fondée sur l'agriculture,
si elle est exposée aux vicissitudes politiques ou commerciales, elle renaît
bientôt par suite des ressources indigènes qui l'ont alimentée.

L'ancienne république de Venise, en
négligeant sa richesse territoriale, a préparé de sa propre main la ruine de sa

I.   3

puissance déjà délabrée. Ombrageuse
envers ses voisins, elle chercha la garantie de son existence dans la faiblesse,
qui fut quelquefois accompagnée de la
cruauté. Pour éloigner toute idée d'en-
vahissement des provinces soumises à
leur joug, et qui étaient limitrophes
d'une puissance qui les tenait en quelque
sorte enveloppées, des aristocrates cor-
rompus et dégénérés y favorisèrent la dé-
moralisation, le vagabondage et l'inertie...... Triste destinée d'un gouvernement qui marche à sa décadence !.....
Ces restes d'une souveraineté chance-
lante (1), d'un sénat ingrat et déchu de
son ancienne splendeur, préférèrent,

_____

(1) Non-seulement un bon Français, mais encore tout
homme qui connaît les devoirs sacrés de l'hospitalité,
ne pourra oublier la réponse pleine de fermeté de
Louis XVIII au sénat vénitien, dans laquelle il deman-
dait à être rayé du Livre d'or.

par une politique insensée, imprimer sur le front de leurs sujets le sceau de la misère et de la barbarie, plutôt que de r'ouvrir pour eux, en favorisant l'industrie agricole, les sources du bonheur et de la prospérité.

Sur les débris de sa puissance commerçante, Venise aurait pu encore élever un édifice nouveau, en protégeant les habitans de ses riches campagnes, en les mettant à l'abri de l'arbitraire, en faisant triompher la cause du faible et les droits de la justice : alors elle eût rendu ses défenseurs et plus forts et plus nombreux. Mais la puissance maritime, oligarchique et démoralisée, à laquelle il reste encore des ressources physiques, n'a plus assez de moyens moraux pour résister au torrent des événemens, qui l'entraînent, et la force de ses voisins et de ses ennemis s'accroît de sa faiblesse et de sa crainte.

Parmi les causes qui ont réduit l'Espagne à un état d'affaissement , il faut reconnaître l'abandon de son agriculture. Les trésors de ses possessions lointaines ont fait couler , au préjudice de l'époque présente, trois siècles d'illusions funestes : ce fut l'appât trompeur des mines exploitées au profit de l'étranger, qui fit regarder avec dédain les biens moins éclatans et plus assurés que les Espagnols trouvaient sur la terre paternelle; ce furent l'ambition et l'éloignement des principaux soutiens de la monarchie qui entraînèrent la mutilation des institutions; accoutumés aux mesures exceptionnelles , aux moyens injustes et violens, des gouverneurs et des vice-rois rapportèrent dans leur patrie, avec l'influence que leur donnaient

leurs richesses, la politique incertaine,
les vices et les faux principes qu'ils
avaient acquis dans des régions gouvernées par l'arbitraire.

Toutes les ordonnances et les créations de Charles III, de glorieuse mémoire, prouvent que ce prince, qui
dans la Péninsule a donné son nom à
son siècle, voulait porter ses regards
vers la métropole affaiblie par un système de déception. Dans ses vues, le
sublime se trouva réuni à l'utile; mais
sa vie fut trop courte pour étendre sur
toutes les parties de son royaume les
bienfaits qu'il voulait y répandre, et
après lui l'Espagne, encore affaiblie par
les vices de son système économique,
devenue la victime des ambitions étrangères, et ensuite de ses propres intrigues
et de ses dissentions intestines, n'a pu
encore se relever de l'état dans lequel

3.

elle a été entraînée, pour avoir préféré des biens acquis avec violence aux jouissances paisibles et assurées qu'elle pouvait trouver sur son territoire.

Après avoir cherché à puiser chez les modernes des leçons qui doivent nous guider, et qui démontrent que les véritables élémens de la force et de la puissance des nations ne sont jamais dans des biens acquis aux dépens de la richesse intérieure, de la population et des institutions conservatrices des intérêts généraux, je demanderai au lecteur la permission de finir cet exposé par quelques faits empruntés des anciens.

Rome agricole fut forte et tranquille; elle institua des lois sages lorsqu'elle honora le premier art du monde; Rome, corrompue par le luxe que ses conquêtes lui apportèrent, négligea les biens réels

pour de faux biens acquis par la violence et par des tributs de sang ; elle fut
exposée à des disettes : alors l'industrie
agricole des Grecs réabsorba l'or que
l'ambition des conquêtes leur avait enle-
vé, et Rome entra sous la dépendance de
ceux à qui elle avait imposé ses lois ; la
métropole du monde, vaincue par les
vices de sa politique, vit ses campagnes
désertes ; les villes, les villages et les
hameaux disparurent ; les bras qui
maintenaient les canaux venant à
manquer, ils s'encombrèrent ; les lacs
s'élevèrent, l'insalubrité de la campagne de Rome fut la suite de ces
accidens : une terre riche et féconde,
spontanément abandonnée, retombe
dans un état au-dessous de nature ;
Rome devint un séjour malsain, et
une ville dont la population s'était élevée à plus de quatre millions d'habi-

tans (1) se trouva réduite à trente-cinq mille âmes, qui encore n'auraient pu se conserver sans les étrangers qui sont venus la repeupler (2).

Les Athéniens, malgré l'espace étroit de leur territoire, préférèrent d'abord l'agriculture au commerce; au chant du coq, ils partaient pour aller cultiver leurs petits domaines : alors ils n'avaient pas de plus grand plaisir que de s'entretenir d'agriculture. Mais insensiblement le goût de ces paisibles travaux cessa de suffire à l'âme ardente et mobile des habitans de l'Attique; leurs idées changèrent à mesure qu'ils recevaient les influences des petits États qui les environnaient et qui tendaient

---

(1) *Traité sur le commerce des Romains,* par François Mengotti. Plin. *Hist. nat.*, lib. 3.

(2) *Histoire de la grandeur et de la décadence de l'Empire romain,* par Gibbon, t. 18.

à s'accroître; le génie des arts, de la
guerre et du commerce s'introduisit
chez les Athéniens, et ils se soutinrent
jusqu'à ce que, cédant à la force des
destinées humaines, ils furent vaincus
à Ægospotamos par les Lacédémoniens,
qu'ils avaient vaincus eux-mêmes.

Je m'engagerais dans une disserta-
tion trop longue, si j'essayais de démontrer pourquoi les destinées de Carthage
dûrent céder à la puissance romaine :
ces exemples, auxquels on en pourrait
joindre une foule d'autres, sont bien
faits pour inspirer les plus profondes
réflexions sur les suites de l'indifférence
que les hommes et les nations ont marquée pour les biens qui ont entouré
leur berceau.

Nous ne sommes plus au temps où
les nations se croyaient assez fortes lorsque chacun se contentait de travailler

pour subsister; le secret de la force de l'action politique est dans la création des ressources; nous ne sommes plus au temps où le chef des Scythes disait à Alexandre, *Je viens, commandé par la nécessité :* la nécessité aujourd'hui serait un mauvais général. La complication des lois de la guerre requiert la réunion de ressources promptes, dispendieuses et multipliées; les habitudes les plus douces appellent chez nous les produits du Nouveau-Monde; pour arriver à les satisfaire sans altérer nos forces vitales, nous devons préparer les échanges, et pour atteindre ce but, le moyen est celui que nous a indiqué le bon La Fontaine : c'est le trésor caché, ou le travail.

DE L'AGRICULTURE

EN

EUROPE ET EN AMÉRIQUE.

•••

CHAPITRE PREMIER.

DE L'AGRICULTURE EN GÉNÉRAL, CONSIDÉRÉE
SOUS LES DIVERS POINTS DE VUE QUI SONT
PLUS SPÉCIALEMENT SUSCEPTIBLES DE FIXER
LES REGARDS DU GOUVERNEMENT.

L'AGRICULTURE, en vénération dès les premières époques du monde, fut toujours l'objet de l'application des hommes les plus distingués. Osiris, en Égypte ; Xénophon, dans
la Grèce ; Caton l'ancien, Columelle et Virgile, chez les Romains ; Olivier de Serres,
Thaër, Arthur Young, et l'abbé Rozier, chez
les modernes, ont rendu leurs noms immor-
tels en s'occupant des produits de la terre,

dons les plus précieux que la Divinité ait faits
aux hommes.

Bien avant la révolution, les sciences naturelles s'étaient déjà élevées en France à de
grands développemens; l'agriculture, dont
la marche était incertaine, tenta de franchir
les bornes d'une habitude routinière pour atteindre au rang des sciences exactes. Mais les
événemens qui succédèrent ne purent être
favorables à d'heureuses pratiques, car les
arts utiles et nourriciers ne peuvent fleurir
qu'à l'ombre de la paix.

Honneur soit rendu au généreux fondateur de la Société d'agriculture en France, à
Louis XVI, qui créa cette institution en 1784.
Ce prince, qui désirait avec ardeur tout ce
qui tendait à la prospérité publique, voulut
associer ses ministres à ce corps, et il s'en
nomma le protecteur. En favorisant ce premier mouvement régénérateur des ressources
de l'État, c'était diminuer les idées abstraites,
qui menaçaient de leur invasion le corps social. Cependant on n'abandonna point les
anciens erremens. Bientôt de chimériques

images, présentées par une philosophie déce-
vante et qui n'a jamais sauvé des empires,
entraînèrent les hommes hors de la sphère où
la destinée les avait placés, et prévalurent
sur des projets sortis d'une source pure et
féconde.

D'autres circonstances non moins influen-
tes éloignèrent en dernier lieu des hommes
puissans des soins que réclamait la fortune
territoriale. La dette publique, mobilisée, présenta des calculs faciles et séduisans : l'on
trouva commode de pouvoir réunir en porte-
feuille un patrimoine exempt des soins et des
accidens de la propriété, et l'intérêt du présent s'arrangea bien de ces calculs.

L'accroissement des capitaux en circulation
et le morcellement de la propriété augmen-
tèrent néanmoins la valeur fictive des fonds
territoriaux ; je dis fictive, car leur valeur
cessa d'être en proportion avec leur revenu.
Dès ce moment, le réservoir commun, destiné
aux besoins des arts et de l'agriculture, la
Bourse, fut au contraire le gouffre où se
perdaient les ressources qui leur étaient né-

cessaires. Il en résulta le goût d'un jeu perfide et ruineux pour ceux qui, non habitués aux calculs de l'agiotage, sont enclins à se laisser entraîner par les mensonges d'une fallacieuse espérance.

Ce serait une erreur que de nier tous les avantages d'un système financier auquel le Gouvernement doit la fermeté de ses bases, et qui procure à beaucoup de particuliers toute leur aisance. Mais dans le mécanisme des ressources qui composent les divers élémens de la fortune publique, l'harmonie cesse dès que l'un des ressorts paralyse l'autre.

Le produit d'une rente peut varier sans perdre de sa valeur nominale et matérielle, et cela par le seul changement de quantité du numéraire ou des valeurs en circulation. Nous en avons eu la preuve depuis la découverte de l'Amérique; des mines fécondes y sont encore à exploiter. Mais l'industrie agricole et le commerce qui en dépend sont une source qui ne tarit point : elle brave l'autorité des découvertes, des innovations et du temps.

Que sont devenues plusieurs branches industrielles dont les avantages n'étaient pas fondés sur notre agriculture? Sous le ministère du cardinal de Fleury, la France exportait deux millions de douzaines de chapeaux de castor : cette branche d'industrie a cessé lorsque nous avons perdu le Canada. Sous Colbert, nous exportions pour douze millions de papier par an; la Hollande a obtenu, par la supériorité des matières provenant de son sol, une priorité naturelle. Les manufactures de Nismes, d'Uzès, de Tours et d'Avignon, autrefois si actives pour la soierie, n'offrent plus maintenant que quelques métiers épars, elles n'ont pu être alimentées avec les produits d'un sol cultivé par des hommes qui attribuèrent au climat des non-succès provenant du retard de la science agronomique, comme je chercherai à le démontrer à l'article *Vues de Sully et de Colbert.*

Sur les ruines de quelques industries dégénérées ou éteintes s'élèvent, tous les jours, d'autres industries, effets du génie, qui subissent, dans un court période de temps, la loi du dépérissement, sur-tout lorsqu'elles ont à lutter contre des rivalités étrangères, et n'ont pas pour base la production.

Pourquoi l'Italie a-t-elle pu supporter, dans tous les temps, des charges imposées et par les vainqueurs et par les vaincus, et pourquoi s'est-elle toujours relevée en deux ans des dé-vastations de la guerre? C'est parce que ses ressources se trouvaient en elle-même, et que la richesse territoriale et les denrées d'exportation qui en dépendent ont toujours indemnisé, en peu de temps, ces belles contrées des sacrifices qu'elles ont dû faire dans les oscillations politiques dont elles ont subi les tristes conséquences.

Ce fut sous le règne d'Auguste que l'on vit naître les *Géorgiques*. M. François de Neufchâteau, comparant ce beau siècle à celui de Louis XIV, observe que le dernier, si fécond en grands hommes, se fit remarquer par son indifférence pour l'agriculture. Celui dans lequel nous vivons ne consacrera pas seulement des titres à l'admiration : la bienfaisance qui dirige tous les pas du Monarque, et dont

les preuves se manifestent par-tout, a déjà,
par d'heureuses créations (1), annoncé ses intentions de porter le principe de vitalité dans
cette source première de l'économie publique,
l'agriculture, qui est en quelque sorte la tige
de l'arbre, dont les autres arts ne sont que les
rameaux.

L'agriculture théorique et pratique peut
être considérée comme gage de paix; garantie
de respect aux lois divines et humaines, et
de fixité dans les institutions. Les travaux de
la culture des champs, en conduisant l'homme
vers des idées paisibles, calment ses passions,
l'éloignent des orages politiques et du malheur des factions. Les bienfaits que la Providence lui offre en récompense de ses fatigues ouvrent son ame à la reconnaissance; il
la voit dans son ouvrage, il la devine dans le
merveilleux de ses œuvres, dont il est, à chaque
instant, le témoin; sa foi est dans ses sens

_____

(1) Ordonnance royale du 1er. décembre 1824,
portant création d'une École spéciale forestière établie
à Nancy.

autant que dans son raisonnement; il embrasse implicitement toutes les vérités que la
religion lui offre, et l'espérance qu'elle lui
présente met le comble à la félicité qu'il peut
se procurer sur la terre.

Autant des théories fixes et positives sont
susceptibles de contribuer à la bonne direction et au bonheur de la famille du cultivateur, autant les fautes de son ignorance sont
dans le cas de désorganiser son être moral :
car il y a une corrélation entre l'ignorance,
ce premier degré de la barbarie, et les délits
de toute nature.

Sur les bords de l'abîme s'arrête souvent
celui que des passions entraînent, quand il a
le sentiment du but d'utilité vers lequel il est
appelé par son éducation; l'ignorant au contraire s'y précipite, parce qu'il ne voit plus
de ressources en lui-même. L'absence des
connaissances utiles aux classes respectives,
et la diffusion des connaissances vagues
et non appliquées à l'état de l'homme, produisent les mêmes désordres : c'est ainsi que
dans le corps social les deux extrêmes se rap-

prochent, et se comparent dans les résultats.

Un des premiers symptômes de la décadence des états arrive quand les mœurs, par un préjugé stupide, cessent d'honorer le travail. La loi *Flaminia*, qui condamnait au mépris ceux qui se livraient aux arts utiles et aux manufactures, fut portée lors du prélude de la décadence de l'Empire romain (1); l'on peut dire que si l'Angleterre et la Hollande avaient adopté de pareilles maximes, elles n'existeraient plus aujourd'hui comme puissances.

Cultiver l'homme suivant la position dans laquelle Dieu l'a placé, lui apprendre à tirer parti des avantages qui sont autour de lui, est un point de vue aussi utile aux souverains qu'aux individus. C'est sur cette maxime fondamentale que repose particulièrement le plan d'un travail qui tend à unir la protection et les encouragemens réclamés par l'agriculture

---

(1) *Traité du commerce des Romains, depuis la première guerre punique jusqu'à Constantin;* par M. Huet, évêque d'Avranches.

avec les principes conservateurs d'un ordre établi.

La méthode théorique en France ne manque pas ; mais la méthode expérimentale manque, les perfectionnemens se trouvent encore irrégulièrement répartis, et il en naît la disette du travail. L'Europe, considérée sous le rapport économique, est comme un grand concours où les parties intéressées et rivales s'entre-disputent les avantages qui proviennent du génie et de la nature. Lorsqu'il arrive un mouvement d'accélération, la puissance qui reste stationnaire rétrograde ; son inertie ne fait qu'accroître le développement des forces productives de sa rivale, et souvent il arrive qu'elle devient tributaire de ceux dont elle avait elle-même exigé des tributs.

Que l'on compare le sort du souverain qui règne sur des populations laborieuses, tranquilles, et où la confiance maintient parmi les hommes le besoin de l'assistance mutuelle, avec celui d'un monarque d'une cour orientale, dans les états duquel l'oisiveté reçoit l'hommage du vulgaire, l'on reconnaîtra bientôt lequel des deux doit être le plus heureux. Ici, l'homme, soumis au devoir et à l'obéissance, s'empresse de tirer du sein de la terre de riches moissons; là, l'orgueilleuse nécessité, enveloppée dans des haillons, foule de ses pieds une terre, qui l'accuse de sa stérilité. Parce que la misère a préparé à la vanité un repas frugal, elle paraît reposer de faiblesse; mais qu'il survienne un trouble ou une émeute populaire, alors n'ayant rien qui l'attache à la terre, elle ne connaît ni frein, ni maître, ni religion, ni pitié.

L'agriculture peut aussi bien que diverses manufactures être soumise à des règles; nous retirons encore de l'étranger du bétail, des huiles, des soies, du chanvre, des grains, du houblon, tous produits que nous donne notre propre sol, mais qu'il ne nous offre pas en assez grande quantité, à cause du défaut de la répartition du travail. A l'exemple du marin, qui lorsque le vent varie change ses manœuvres, le cultivateur peut dévier de ses habitudes routinières; mais le danger des expériences le rend timide, les difficultés l'ef-

fraient, si des hommes instruits ne lui servent
de guide en lui montrant le chemin qu'il doit
suivre, et si des démonstrations de fait ne sont
pour lui la boussole qui doit l'aider à arriver
au port. Le cultivateur ne peut devenir producteur utile qu'en simplifiant son travail,
qu'en apprenant l'art d'économiser le temps,
qui est le but de toute industrie, et qu'en
multipliant ses productions. De là, il résulte
pour lui deux avantages, un plus haut prix
de la denrée, et des produits plus variés; car
le bas prix du blé provenant moins de son
abondance que de l'offre décroissante des salaires, il en résulte que la denrée de première
nécessité ne peut manquer de hausser avec
l'abondance de la main-d'œuvre, que doit faire
naître le développement de l'industrie, qui dépend de nos produits indigènes.

La plupart des propriétaires regardent
comme une concurrence désavantageuse l'introduction des blés de la Crimée; ils rejettent
sur les causes les plus éloignées les préjudices
qu'ils éprouvent, sans prendre garde aux obstacles qui sont auprès d'eux; quelques-uns

même se livrent à une sorte d'abandon qui,
loin de fatiguer leurs rivaux, les rendra encore
plus courageux, heureusement le nombre en
est très-petit. Les blés d'Odessa offrent moins
d'amidon que nos blés indigènes; ils contien-
nentplus de gluten; ils sont,pour cette raison,
plus exposés à s'échauffer dans les bâtimens de
transport, et par conséquent à contracter des
principes nuisibles à l'économie physique (1).

En attendant, l'agriculteur a besoin de ne
pas perdre courage, et de considérer que les
intérêts généraux exigent souvent l'adoption
de cette maxime protectrice des lois du commerce : *Laissez faire et laissez passer.*

Dans la séance de la Chambre des députés,
du 15 juin de cette année, M. de Saint-Criq,
rapporteur du budget, a dit : « C'est dans le

---

(1) *Bibliothèque physico-économique*, cahier de juin
1822, *Analyse du blé d'Odessa comparé à celui de France.*
M. Henri a trouvé dans celui d'Odessa une substance
amère qui n'est pas dans celui récolté en France ; le blé
d'Odessa contient plus de gluten et moins d'amidon ; la
matière sucrée abonde dans tous les deux ; la farine
d'Odessa absorbe plus d'eau.

» haut prix de nos produits à l'étranger qu'il
» y a encore un obstacle à l'exportation. »

La France a été obligée de prohiber sur
certains points l'importation du bétail, il en
résulte que nos vins ne sont plus reçus par
les puissances sur lesquelles frappe cette pro-
hibition. Si les cultivateurs, excités à diriger
leurs efforts vers les productions dont la rareté encourage l'importation, rendaient ces lois
de prévision inutiles, alors l'étranger ne vien-
drait plus nous offrir une denrée que nous
aurions à un aussi vil prix que lui ; et l'inter-
diction cessant, les propriétaires de vignobles
pourraient vider leurs caves ; ils mettraient
un prix aux autres denrées dont ils sont
forcés de se priver, et tout le monde y gagnerait.

Déjà l'ouverture de différens canaux, en
détruisant la nécessité de nombreux roulages,
va faire refluer, au profit de l'agriculture et
des remontes, les ressources en chevaux qu'ils
absorbaient ; des projets de défrichemens et
de canalisation pour les landes de Bordeaux
et de Bayonne vont offrir une main-d'œu-

vre auxiliaire; mais il faudra nombre d'années avant que la France puisse en recueillir
les fruits, et il n'appartient qu'à de hautes
prévoyances de porter la vie, l'aisance et la
fécondité sur les divers points de son territoire.

Les idées présentées sont utiles aux intérêts
des grands et des petits propriétaires : beaucoup de personnes honorables et de grands
propriétaires, si peu favorisés par les temps
présens, ont reconnu que la diminution du
loyer de leurs fermes ne vient pas seulement
de l'abaissement du prix de la denrée, mais
encore des mœurs, des habitudes et de l'ignorance de leurs fermiers. La plupart de ceux-ci,
enrichis dans un temps d'accidens où l'on
payait la rente d'une ferme avec le prix d'un
cheval ou d'une paire de bœufs, sont devenus
plus égoïstes sans devenir plus industrieux :
celui qui n'arrive point à la fortune par des
voies lentes, naturelles et sanctionnées par
une sage opinion, en fait rarement un noble
usage; ces fermiers repoussent toute espèce
d'amélioration qui ne les regarde point; ils

ne font rien pour l'avenir; ils ne traitent plus
avec leurs ouvriers qu'en leur imposant des
lois si dures, qu'elles deviennent entre eux
un sujet d'hostilité; le manque d'un code rural
et quelques réglemens défectueux n'offrent
aux propriétaires aucune garantie contre les
préjudices que leur causent l'ignorance et la
mauvaise volonté.

Quant aux petits propriétaires, comme ils
consomment eux-mêmes une partie de leurs
productions, le prix des denrées, sous ce rapport, leur importe moins; il en est qui n'ont
point assez de terres pour vivre sur leur fonds,
alors leur destinée devient précaire, et, comme
l'ouvrier qui vit de sa journée, ils sont intéressés à tout système qui tend à prévenir la
disette du travail et ses tristes résultats.

ARTICLE PREMIER.

DE L'ANGLETERRE.

Le principe de l'émulation chez les Anglais
est d'autant plus soutenu, qu'il est réputé par

eux comme une des conditions de leur existence sociale et politique (1). Fiers des avantages que leur donne la prépondérance maritime, ils prétendent encore à tous ceux
qu'on peut obtenir par des théories et des
pratiques perfectionnées dans l'art de l'agriculture.

En considérant la position géographique des
Iles Britanniques, ainsi que leurs rapports
avec les colonies et les établissemens qu'elles
possèdent dans les quatre parties du monde,
plusieurs sont tentés de croire que les ressources d'agriculture de cette puissance ne
forment qu'un agent secondaire de sa prospérité ; cependant les premiers élémens de sa

---

(1) M. Huskisson, membre du Conseil du roi d'Angleterre, a dit dans un discours qu'il a prononcé dans ce
conseil : « Sans les améliorations mécaniques et scien-
» tifiques qui ont donné à l'industrie et à la richesse de
» ce pays un développement graduel mais toujours cer-
» tain, nous aurions été contraints à souscrire une paix
» humiliante avant les époques si connues où la victoire
» a favorisé nos armées. » *Histoire critique et raisonnée
de la situation de l'Angleterre ;* par M. de Montveran,

force sont dans l'art avec lequel elle déploie
son industrie agricole.

Aucun peuple de l'Europe n'a autant écrit
sur la science agronomique que les Anglais ;
sur la chose maritime, au contraire, ils ont
publié peu de livres : c'est sans doute parce
que, sur ce point, le Gouvernement pense qu'il
vaut mieux agir que parler, et que les développemens dans un art doivent s'arrêter là
où cessent les résistances.

Malgré que le commerce élève la main-
d'œuvre, que le climat s'oppose à la propagation de beaucoup de produits, et que les
valeurs de crédit présentent des spéculations
faites pour détourner les capitalistes de leur
attention sur la richesse territoriale, les Anglais ont su éviter de paralyser les ressorts
qui pouvaient favoriser le rétablissement de
l'agriculture : ils comprirent que l'art qui
était le fondateur de tous les autres devait obtenir, de leur part, des regards de prédilec-
tion, et ils ne négligèrent rien pour vaincre
les obstacles par-tout où ils rencontrèrent
une agriculture inerte.

L'esprit d'association, qui produit en Angleterre des effets si avantageux (1), y a fondé des instituts-modèles et des fermes ; il en existe quatre aux environs de Londres, sous la direction intéressée de M. *John Sinclair.* Ici le Gouvernement n'est que protecteur et commenditaire : par ce moyen sage, mais qui serait difficilement praticable par-tout ailleurs, il évite les rouages d'une opération compliquée et le funeste esprit du système bureaucratique ; il sait où sa participation peut le conduire et il ne va jamais plus loin qu'il ne voudrait. Des personnes qui ont écrit sur ces quatre établissemens pensent qu'ils auraient été mieux placés dans les environs de Birmingham, où une population manufacturière, qui vit dans l'abondance une année, et meurt de faim dans l'autre, a besoin, pour l'avenir,

---

(1) Il existe à Londres plus de cinq cents associations destinées à subvenir à tous les besoins des classes pauvres et ignorantes. (*Extrait de la traduction de M. G. de Gérando, du* Charity-Almanach.)

2.

de ces garanties que peut offrir une agriculture industrieuse.

En Écosse, l'institution utile et philantropique de M. Robert Owen, à New-Lanarck, composée de paysans qui y reçoivent une éducation morale et pratique, a contribué à détruire la mendicité et à prévenir les maux qu'elle entraîne. Le fondateur de cet institut, guidé par le principe que j'ai posé comme une des premières bases à l'article *Éducation agricole*, veut que l'on n'enseigne pas à ses élèves les mots avant les choses (1).

L'Angleterre ne possède pas plus que la France une législation agricole : mais les baux y sont en général plus longs ; M. de Châteauneuf dit qu'elle a des documens incomplets

---

(1) Il y a deux ouvrages qui peuvent guider le lecteur curieux de connaître les détails de ces établissemens, ce sont ceux-ci : *Institution pour améliorer le caractère moral du peuple ;* par M. Rob. Owen, traduit de l'anglais par M. le comte de Lasteyrie.

Mémoire adressé aux Gouvernemens de l'Europe et de l'Amérique ; par M. R. Owen, de New-Lanarck ; Francfort-sur-le-Mein, 1819.

et trop isolés, dont pourtant il serait possible d'emprunter des modèles (1). L'agriculture, d'ailleurs, étant peu variée et plus aidée, les baux y offrent moins de ces cas d'exceptions que produit souvent le défaut d'aisance ou un système imparfait d'administration rurale. Les Anglais sentent néanmoins, comme la plupart des nations de l'Europe, la nécessité d'un bon code rural, qui protégerait les garanties du Gouvernement et des particuliers, ainsi que les besoins de l'avenir.

Autant l'agriculteur anglais est craintif avant de se livrer à de nouvelles méthodes, autant il s'y attache fortement lorsqu'elles sont reconnues par l'autorité d'une expérience éclairée ; mais cet avantage n'est pas le seul qui, dans les Iles Britanniques, multiplie les moyens de subsistance à mesure que les besoins s'accroissent avec la population : il est une cause première de la richesse de l'agri-

_____

(1) *De l'art de multiplier les grains ;* par M. de Châteauneuf.

culture, c'est l'art de créer des capitaux auxi-
liaires.

Les Anglais ne sont entrés que fort tard
dans le génie des inventions et des progrès
ruraux et territoriaux. Le canal de Briare fut
établi long-temps avant qu'il leur prît envie
de canaliser leur territoire.

Le système de culture alterne, auquel l'Angleterre doit l'augmentation considérable de
ses produits territoriaux, était suivi en Hollande et dans la Flandre française bien avant
son introduction en Angleterre.

Le principal agent de l'économie rurale,
c'est le capital : si les laboureurs et les fermiers, dans beaucoup d'autres pays, avaient
plus médité sur cette vérité; si, séduits par
une illusion frivole, plusieurs d'entre eux n'a-
vaient employé à acheter quelques lambeaux
de terre des ressources dont la conservation
leur était indispensable, ils auraient été plus
heureux et ils ne seraient pas devenus de fermiers aisés qu'ils étaient, de tristes et pauvres
propriétaires.

Un fermier anglais, avant d'entrer à la tête

d'une vaste exploitation rurale, commence
par s'assurer un capital égal à huit fois le montant de son fermage : par conséquent, s'il paie
trente mille francs, il s'assure la somme de
deux cent quarante mille francs avant de commencer.

Ce fonds de première mise paraît exagéré
aux yeux de ceux qui ne sont point accoutumés
à voir l'agriculture se fonder sur une base aussi
large et aussi solide. Beaucoup de fermiers,
dans des pays où elle est encore languissante,
s'appuient sur l'espoir de payer leur rente, au
bout de quinze ou dix-huit mois, avec les produits de la terre même; ils ne font nullement
la part aux accidens, et c'est pour cette raison
qu'ils vivent pauvres et découragés et ne font
rien en faveur du propriétaire.

L'agriculteur anglais ne s'engage pas sans
s'assurer cinq espèces de capitaux : 1°. un
pour remboursement au fermier sortant, de
ses semences, engrais, litières et frais faits
pour le compte de son successeur; 2°. en mo-
bilier, instrumens aratoires et bestiaux : ce
dernier doit être aussi grand que le domaine

peut le comporter ; 3°. un fonds pour les salaires et manutentions annuelles ; 4°. un autre
en denrées à garder et pour n'être point forcé
de vendre intempestivement; 5°. enfin un dernier, pour les cas d'intempérie et de grêle, que
l'on doit toujours prévoir. Ainsi le fermier a
donc à faire son budget: c'est sur ces principes,
qui servent de règle à l'industrie commerçante
et manufacturière, qu'il établit son entreprise
rurale. On calcule, d'après les communes
données, qu'un capital employé d'une telle
manière produit quinze pour cent lorsqu'il
est sagement administré : cette présomption
fondée, jointe à la garantie qu'offrent les talens et la moralité du fermier, détermine les
capitalistes à aider autant que possible l'agriculture ; avantage qui ne peut avoir lieu dans
un pays où la propriété est trop divisée.

L'Angleterre, bien différente de l'Empire romain, lorsqu'elle étendait son influence sur des
contrées lointaines, ne s'est point affaiblie en
imposant un joug à ses colonies, parce qu'elle
n'a pas cultivé ses avantages extérieurs au préjudice de ceux qu'elle trouvait sur son terri-

toire même : au contraire , en élevant au plus
haut degré de splendeur sa puissance maritime , elle ne s'en est souvent servie que
pour augmenter sa force et sa richesse intérieures.

Le système de culture alterne est devenu,
pour l'Angleterre, une mine beaucoup plus
féconde que celle que peut lui offrir une souveraineté dans l'Indostan , où les tributs im-
posés à soixante-dix millions de sujets indous
ne lui rendent pas autant que les prairies artificielles qu'elle cultive sur son propre sol :
pour s'en convaincre il suffit de consulter
un célèbre auteur français dont j'emprunte
ces détails, et qui s'est appuyé sur les autorités
irrécusables de *Smith* et de *Coqbourn* (1).

Le Gouvernement anglais ne se contente
pas de favoriser l'agriculture par des mesures
réglementaires, qui accordent toujours une
prime aux produits du sol, par la modicité de

(1) *Essai sur l'origine , les progrès et les résultats pro-*
bables de la souveraineté des Anglais dans l'Inde; par
M. J.-B. Say.

l'impôt foncier, qui, comparativement à celui sur les consommations, est beaucoup moins élevé; mais encore il intervient par des sacrifices quand il voit que la prospérité publique en dépend. M. Mathieu de Dombasle rapporte, d'après M. François de Neufchateau (1), « qu'un fermier anglais, nommé Backwel, » voulant, il y a soixante ans, perfectionner » les méthodes vicieuses pour la propagation » des animaux les plus utiles à l'homme, en- » treprit de former, tant pour les bœufs que » pour les moutons, des races particulières : » il obtint de grands succès et arriva à un tel » point de perfection, que ses contemporains » disaient qu'il avait le pouvoir de modeler » un animal et de lui donner la vie. Backwel » ayant fait des dépenses considérables, le » parlement vint à son secours deux fois, et, » soutenu par cet appui, il est arrivé à un tel » degré de succès, qu'il a étendu son art et » prodigieusement enrichi sa patrie. On a

_____

(1) *Annales de Roville*, Paris, 1823.

» vu lui payer six cents francs pour faire sail-
» lir une brebis par un beau belier, et vingt-
» quatre mille francs pour le loyer d'un be-
» lier pendant une seule saison. »

Ce que fit alors le parlement d'Angleterre
pour le bien de l'agriculture, Louis XIV le
fit pour un objet non moins utile : il vint au
secours de M. Riquet, entrepreneur du canal de Languedoc, parce que des événemens
imprévus dans la confection de ce monu-
ment avaient multiplié les dépenses de l'entreprise.

Les calculs de M. de Marivault, qui vient
de publier un ouvrage sur la situation agricole de la France (1), méritent d'autant plus
de confiance, que l'auteur s'est attaché, pour

---

(1) *De la situation agricole de la France;* par M. de
Marivault, 1824. D'après le tableau offert par le même
auteur, le poids commun d'un bœuf, qui, en 1810,
était de trois cent soixante-dix livres, en 1796 était de
huit cents livres; celui d'un veau, qui était de cinquante
livres à la même époque, était de cent quarante-huit
livres.

tout ce qui appartient à la statistique, à des démonstrations justes et précises : c'est parce qu'elles m'ont paru bonnes, que j'ai cru ne pouvoir mieux faire que de les prendre ici pour guide.

En 1813, le nombre des bêtes bovines s'élevait, en Angleterre, à . . . . . 7,122,634, moutons et brebis . . . . 40,865,576.

Suivant M. Chaptal, en France, en 1812, le montant des bêtes bovines était de 6,972,973, moutons et brebis . . . . 35,188,910.

D'après ce tableau des ressources en bétail des deux puissances, il résulte un excédant en faveur de la première de,

en bœufs.   149,661,
en moutons. 5,676,666;

mais si l'on ajoute à cet avantage constaté, 1°. que les bœufs, moutons et animaux destinés pour la boucherie pèsent généralement un tiers de plus que ceux mis en réserve en France pour le même objet ; 2°. que le nombre des bœufs de trait y est nécessairement beaucoup moins grand, parce que la superficie du

terrain en culture y est bien moins étendue ;
3°. enfin que les moyens de transport par
les canaux économisent prodigieusement le
travail de ces animaux, car un bateau conduit souvent autant de denrées que pourraient en traîner cent vingt bœufs ou cent cinquante chevaux, l'on ne s'étonnera plus des
moyens abondans qui existent pour satisfaire
aux vastes consommations de viande que réclament les habitudes et le climat dans un pays
qui ne contient que les deux cinquièmes des
habitans de la France, et un peu plus au delà
de la moitié de son étendue (1).

Ces calculs, qui présentent les copieuses
ressources qu'offre l'agriculture anglaise dans
une denrée qui forme un des premiers besoins de la vie, amènent ici deux conséquences:
la première est qu'il y a perfectionnement dans
les moyens de faire des élèves, de les nourrir

_____

(1) M. l'ingénieur Brinkley, dans un rapport qu'il a
fait sur les canaux de l'Angleterre, élève la population
à douze millions deux cent dix-huit mille cinq cents
ames en 1824.

et de les engraisser; la seconde, que les méthodes d'assolement qui multiplient les fourrages, les grains et les litières, ne laissent rien
à désirer.

L'agriculteur qui manque de capitaux non-
seulement n'a pas les moyens de faire des
élèves, mais encore il n'a souvent qu'une
quantité de bœufs insuffisante pour son exploitation; obligé d'avoir ces animaux conti-
nuellement sous le joug, il ne peut remplacer
ceux qui se trouvent fatigués; s'il veut les engraisser quand ils ont passé l'âge, il s'épuise
en vains efforts, il consomme beaucoup de
fourrages et n'obtient que de faibles résultats:
il arrive de là que ce qui a été pour le fermier riche et aisé une cause de profit devient
un motif de ruine pour celui qui n'a pas d'aisance.

L'indifférence pour les soins que réclame
l'agriculture produit des effets qui sont souvent inaperçus, mais qui n'en sont pas moins
réels; ils s'étendent sur tous les points des
grands et des petits États; ils frappent plus
particulièrement sur l'existence du pauvre: ils

sont donc bien faits pour fixer les regards du
souverain et du législateur.

Le climat de l'Angleterre et son atmosphère
déterminent particulièrement l'attention du
cultivateur vers les prairies naturelles et artificielles ; les vents d'ouest qui y règnent pendant la plus grande partie de l'année portent nécessairement avec eux des brouillards
qui amènent de petites pluies qui entretiennent la verdure. Les prairies couvertes d'engrais n'attendent que les premiers rayons de
chaleur pour offrir de régulières et abondantes récoltes ; récoltes que l'on trouve rarement dans les autres contrées qui ne peuvent
profiter que des pluies accidentelles ou des
eaux d'irrigation provenant de sources sujettes à se tarir.

Quoique la consommation du pain se soit
étendue avec l'aisance, car les cultivateurs des
Iles Britanniques commencent à dédaigner
l'usage de la pomme de terre le soir, et préfèrent celui du thé, du beurre et du pain ;
quoique les mêmes causes aient encore augmenté la consommation de l'orge pour la fa-

brication de la bière et la nourriture des animaux domestiques, et que la population marche dans une progression plus rapide que sur les autres points de l'Europe, cependant il est à remarquer que l'importation en grains de 1803 à 1812 a diminué d'un tiers (1). Ce résultat vient à l'appui de ce qui a déjà été avancé.

La condition de l'atmosphère, si favorable aux prairies et aux herbages de toute nature, ne permet pas à beaucoup de graines d'acquérir les qualités nécessaires pour les semailles : aussi les Anglais sont-ils forcés de retirer de la Suède la graine de navet et de turneps; de la Russie, celle de chanvre, et de

---

(1) L'importation en grains, qui, de 1791 à 1803, une année portant l'autre, était d'un million deux cent soixante-douze mille cinq cent quatorze quarters, n'a été de 1804 à 1812 que de huit cent soixante-trois mille trois cent trente-cinq quarters par année.

Nota. Un quarter contient huit boisseaux. (*De la situation agricole de la France, en* 1824; par M. de Marivault.)

la France, celle de trèfle, de sainfoin, de luzerne, des haricots, pois et fèves; la Hollande
et les Pays-Bas fournissent les graines potagères.

En considérant la différence qui se trouve
entre la consommation de la viande en Angleterre et celle qui se fait en France, beaucoup
de personnes regardent les Anglais comme de
gros consommateurs de viande : ils ne voient
que la loi de l'habitude, les physiciens y re-
connaissent celle de la nécessité. L'humidité
du climat exige que les hommes soient entretenus avec des substances alimentaires très-
nutritives; la qualité des céréales n'est pas
aussi bonne que celle récoltée dans des contrées méridionales (1); la pomme de terre

_____

(1) M. Michelot, ancien élève de l'École polytechnique, rapporte, dans un ouvrage qui a pour titre : *Comparaison entre les fromens de la France et de l'étranger*,
qu'un célèbre chimiste suédois, dans un voyage qu'il a
fait récemment à Paris, a déclaré qu'en Suède une condamnation au pain et à l'eau, prolongée au-delà d'un
mois, était une condamnation à mort, parce que les grains
du Nord contiennent peu de gluten, et que le pain qui
en résulte ne peut suffire à la nourriture de l'homme.

I. 3

même y est moins abondante en fécule que celle de la France (1).

Les règles de l'économie établies pour les entreprises commerciales sont appliquées par les Anglais aux exploitations agricoles; ceux qui les dirigent n'ont point oublié que leurs succès dépendent singulièrement de l'intelligente répartition du travail : aussi tout est-il raisonné et mis en œuvre pour éviter tous les travaux stériles; les clôtures des champs permettent aux cultivateurs d'y laisser leurs bestiaux le jour et même la nuit; les moutons n'y craignent point les loups destructeurs, et l'on n'y voit pas, comme dans les pays où les propriétés sont sans enclos, une femme, un enfant ou un vieillard dont la journée est sacrifiée à la garde d'une seule vache.

Outre les engrais, produits des nombreux animaux qui se trouvent dans les étables ou dans les pâturages, les Anglais ont encore un soin particulier pour en former d'artificiels,

---

(1) *L'Angleterre vue à Londres et dans ses provinces;* par M. le maréchal de camp Pillet, 1815.

qu'ils appellent *composts* : c'est un composé de substances prises dans les trois règnes de la nature, la chaux, le plâtre, les cendres et le sel marin, le sang, les os, les râpures de corne, les vieux cuirs, et les chiffons de laine, les tourteaux après l'extraction de l'huile, les herbes humides, et les racines qui proviennent du champ qu'ils ont cultivé avec l'instrument que l'on nomme le défricheur ou l'extirpateur : telles sont les substances dont le mélange et la décomposition forment les *composts*. Ces amendemens ont besoin d'être répandus sur la terre par une main habile : la manière de les employer et l'époque où l'on en fait usage déterminent le succès que l'on doit en attendre; car, n'étant pas pourvus, comme l'engrais stercoral des étables, de cette partie savonneuse qui rend la décomposition de leurs sels plus lente, ils agissent avec plus d'activité que ces derniers; mais aussi leur évaporation plus facile en détruit les qualités.

Les travaux du fermier anglais, parce qu'il a des avances en bétail, ne sont jamais suspendus; il remplace aussitôt ceux des animaux

3.

qui lui paraissent fatigués : par son aisance et
sa bonne direction, il détourne les accidens
et prévient les non-valeurs; d'ailleurs, la qualité des terres, communément légères, lui procure l'avantage inappréciable de pouvoir travailler dans tous les temps, ce que ne peut
faire le cultivateur qui exploite des terres
très-fortes. Qu'on ne se fasse point d'illusion
à cet égard : si les terres fortes sont en général
meilleures pour le froment, d'un autre côté
ce sont celles qui se prêtent avec moins de
facilité aux diverses cultures; le moment où il
faut les labourer n'est pas facile à choisir : les
sels météoriques et ceux des différens engrais qu'on leur prodigue les pénètrent plus
difficilement; elles sont moins accessibles aux
rayons du soleil, et il est plus facile à un propriétaire de faire sa fortune sur un sol léger
que sur un sol très-compacte.

Les voies de transport et de communication par les canaux qui traversent l'Angleterre dans toutes ses parties (1); les routes

(1) Suivant le rapport statistique de M. John Sinclair,

en fer; enfin le bel entretien des chemins vicinaux, en épargnant le temps, les fatigues,
les chevaux, les bœufs, les voitures et les
harnois, établissent un avantage incontestable
en faveur de l'agriculture anglaise. Combien
de préjudices n'éprouvent pas les cultivateurs
d'autres contrées de l'Europe, qui, pour conduire leurs denrées au marché, sont obligés
de traverser ces chemins vicinaux, véritables
tombeaux des hommes et des animaux domestiques? Ce sont ces désavantages qui établissent dans d'autres pays ces disproportions

---

il y a en Angleterre quatre-vingt-dix-sept canaux, dont
le cours est de mille soixante-seize lieues : ces canaux
offrent quarante-huit passages souterrains, qui parcourent quinze lieues de France ; l'on ne comprend pas dans
ce nombre les petits canaux de cinq milles anglais ou de
deux lieues et demie de France, qui les coupent trans-
versalement. On évalue à sept cent cinquante millions
le prix que ces canaux ont coûté. Il y a soixante-cinq
ans, ils n'étaient pas encore commencés, maintenant il
n'est pas d'endroit si peu important qui ne puisse, par
leur moyen, communiquer avec le reste du pays.

Pascal appelait les fleuves des chemins qui roulent,
ne pourrait-on pas le dire aussi des canaux?

choquantes que l'on remarque entre la valeur
du terrain d'une province et celle d'une province voisine, qui est souvent comme un est à
dix.

Parmi les nombreux publicistes qui ont écrit
sur l'économie et la législation de l'Angleterre,
il en est qui voient la concentration des fortunes
et la centralisation de la propriété comme une
chose très-malheureuse, et qui attribuent à la
division des biens ruraux de la France l'état
prospère dont elle jouit; il y en a d'autres qui,
immolant l'ordre actuel tout entier, voient le
morcellement de la propriété comme le plus
grand de tous les maux. Entre ces deux opinions, celle qui tend à combiner les élémens
de l'ordre social établi avec des mesures qui
se rattachent fortement aux principes de la
justice et de l'utilité générales sera sans doute
adoptée par la majorité.

Le système de législation et d'économie rurale chez les Anglais est basé sur cette constance qui les attache aux choses créées chez
eux, pour lesquelles ils ont un respect supers-
titieux, sur-tout lorsqu'ils voient qu'elles ral-

lient les intérèts généraux. Guillaume le Conquérant partagea l'Angleterre en sept cents
fiefs et établit le système féodal ; plus tard,
à l'époque de la grande charte anglaise, ces
fiefs furent divisés, à cause de leur grande extension et des communications difficiles, ils
furent portés au nombre de onze mille ; à la
réforme, les biens du clergé furent convertis
également en fiefs, il en fut de même des biens
communaux ; enfin toutes les propriétés im-
mobilières furent soumises à un ordre de primogéniture qui a garanti les familles de l'inconvénient des mutations et du morcellement
des domaines, toujours préjudiciables aux
grandes et utiles entreprises rurales, et depuis cette époque rien n'a été changé.

Il n'y a que trente mille propriétaires en
Angleterre qui possèdent entre eux cent cinquante mille fermes ; en France, l'on compte
plus de quatre millions de propriétaires, dont
les biens composent cent quinze millions de
lots (1). Ceux qui vivent honorablement de

(1) *De l'Angleterre ;* par M. Rubichon, p. 44 et 46. Le

la propriété rurale sont partagés en deux classes : le propriétaire à qui appartient le domaine inaliénable et le fermier capitaliste (*gentleman farmer*), le gentilhomme fermier, qualité qui, dans l'acception générale, caractérise plutôt l'état de l'aisance que les conditions de la naissance. Ceux qui vivent du produit de leur travail manuel sont sous-fermiers, tenanciers, ou attachés aux fermes par l'état de domesticité. Chaque fief représente un village au milieu duquel réside le principal fermier, qui trouve un double attrait dans les occupations qui l'attachent à une vaste dépendance, en faisant dans l'exploitation à laquelle il se livre l'application des connaissances qu'il a acquises dans l'histoire naturelle, la botanique, la chimie et la géométrie.

L'agriculture, soutenue par une masse de capitaux, par des notions exactes dans les sciences et les arts qui s'y rapportent, et par

---

même auteur avance qu'il y a cinq millions huit cent mille familles en France ; il y en aurait donc plus des trois quarts qui seraient propriétaires.

la protection spéciale du Gouvernement, ne peut manquer d'avoir un avantage sur celle. qui est conduite par l'instinct borné de la routine.

Sur cinquante familles en Angleterre, l'on n'en compte guère qu'une qui soit proprié-taire de domaines ruraux et où les aînés exer-cent un droit de primogéniture sur les ca-dets ; mais ce droit est-il ce qu'il était en France autrefois ? entraîne-t-il les mêmes con-séquences ? Non : l'organisation de la société anglaise est différente, les ressources immo-bilières sont immenses ; le sort des cadets y est plus assuré qu'il ne pourrait l'être dans un pays où les élémens de la fortune privée reposeraient uniquement sur la richesse ter-ritoriale. Le droit de primogéniture n'est exercé que sur la propriété foncière. Les mar-chandises, les maisons, l'argent, les actions sur les canaux et les entreprises de toute na-ture, les effets de porte-feuille en fonds pu-blics, nationaux et étrangers, enfin toutes les valeurs mobilières sont exemptes du pri-vilége en faveur de l'aîné : il en résulte qu'un père de famille a toujours les moyens d'établir, de son vivant, des dispositions dignes des sentimens qui dominent son cœur.

La grande difficulté de devenir propriétaire a dû reverser dans le clergé, la magistrature, l'état militaire, la marine, l'administration, le commerce, les arts et les sciences les personnes qui devenaient héritières d'une fortune immobilière, facile à administrer et qui n'exigeait point une résidence absolue : de là sans doute encore une des causes qui disposent les Anglais à chercher à tirer parti des contrées les plus favorisées du globe, et à se répandre par-tout où les appellent des avantages démontrés (1).

_____

(1) La difficulté de devenir propriétaire d'un fief en Angleterre est telle, qu'après la mort de l'amiral Nelson, à Trafalgar, le Gouvernement, en gratifiant l'héritier de son nom d'une somme de trois millions et demi de francs, ordonna qu'elle serait employée à l'acquisition d'un fief. Eh bien! depuis ce temps-là, cette somme est toujours restée dans les caisses du Gouvernement, à cause de l'impossibilité de faire l'acquisition qu'il avait ordonnée.

Quant à la classe des paysans ou de ceux qui vivent de leurs travaux manuels, elle est à considérer sous deux rapports différens : le premier, sous celui de l'influence de la législation sur le bonheur individuel; le second, dans les avantages qu'elle offre à la société, à laquelle elle procure les alimens en échange des services qu'elle en reçoit. Le paysan tenancier ou journalier est soutenu par le fermier auquel il offre ses travaux, celui-ci l'assiste dans tous les temps; la sûreté de leur existence est fondée sur leur mutuel intérêt. Le sort du petit propriétaire qui vit au milieu d'une tenure de quelques arpens de terre dont les revenus sont insuffisans aux besoins de sa famille est-il plus garanti contre les chances de l'avenir? Le lecteur n'aura pas de peine à résoudre cette question. Quant aux rapports du paysan avec la société, il est clair que celui qui produit le plus au-delà de ses propres besoins est celui qui lui est le plus utile : or, si les petits domaines ne permettent point cette judicieuse répartition du travail, qui attribue à chaque individu une occupation spéciale;

si le propriétaire ne peut s'y livrer à l'éducation de ses nombreux élèves en bétail, qui
sont nécessaires aux vastes consommations de
l'Angleterre ; si, comme dans certains cantons
de la Suisse, chaque propriété offre peu de ressources au-delà des besoins de ceux qui la travaillent, l'agriculture n'est plus alors, comme
l'ont caractérisée les anciens, la mère commune
de tous, et dans cette hypothèse les nombreux
habitans de l'Angleterre attachés à l'industrie
se trouveraient constamment sous la dépendance des étrangers pour leur subsistance.

Un conquérant peu habile dans la science de
l'économie politique provoqua chez les Anglais les derniers efforts de l'art agronomique
quand il entreprit d'intercepter les moyens de
communication avec eux ; il leur apprit à se
suffire à eux-mêmes. Tel est l'effet des mesures
qui ne sont point sanctionnées par une sage
politique, il faut qu'il en résulte des suites qui
retombent sur celui qui les a dictées (1).

---

(1) M. Say, dans son *Traité d'économie politique*, cha-
pitre XI, dit que Buonaparte n'avait aucune notion de
l'économie politique, qu'il affectait même de la dédaigner.

Les crises politiques en Angleterre n'ont pas produit sur l'état économique et sur la législation les mêmes résultats que chez nous : au milieu des dissensions civiles, leurs novateurs ont reconnu qu'il leur importait de ne pas attaquer plusieurs branches de l'ancien système; ils ont senti tous les dangers que pouvait présenter pour eux le renversement total de l'ordre social. Ceux qui leur succédèrent ont cherché le sentiment de leur sûreté et de leur garantie dans un esprit de persévérance et un respect aveugle pour ce qui existait, et ils ont conservé dans la législation même ceux des élémens qui ne se trouvaient plus en rapport avec la civilisation.

Les Anglais ont reconnu les taches qui existent dans leur législation (1): par exemple,

---

(1) « On compte dans ce pays, le modèle des lu-
» mières et de l'industrie, plus de deux cents crimes
» auxquels est attachée la peine capitale, entourée quel-
» quefois de circonstances atroces...................
....
» En effet, l'unique résultat de cette législation bar-
» bare est l'inexécution de cette législation même; cha-

leur code criminel est encore ce qu'il était dans les temps les plus barbares; mais la crainte qu'ils ont de détruire cette force compacte et ce principe conservateur qu'ils trouvent dans le système même les porte à préférer de corriger la sévérité de ces lois antiques par la prérogative royale, ou par des moyens funestes qui entraînent l'impunité, plutôt que de toucher à une arche dont la vétusté est telle qu'on ne pourrait la réparer sans ébranler sa solidité.

La centralisation de la propriété n'est pas un obstacle au développement de l'industrie

---

» que jour, ses dispositions sont éludées par les jurés » ou par les juges, ou corrigées par l'intervention du » droit de grâce et de commutation, et sur deux cents » condamnations capitales , vingt condamnations au » plus interviennent, dont deux seulement sont exécu- » tées. Grâce au ciel, il est donc au fond des choses hu- » maines une force et une nécessité morales invincibles » qui triomphent, malgré les résistances opiniâtres, des » abus et des préjugés les plus invétérés ! »

(*Réflexions sur les lois pénales de la France et de l'Angleterre;* par M. Taillandier, avocat aux Conseils du Roi et de la Cour de cassation.)

agricole, comme on le voit en Angleterre;
mais lorsque ceux qui possèdent sont dirigés
par un intérêt exclusif, et lorsque leur influence laisse prévaloir leur intérêt dans le
sanctuaire des lois, il en résulte qu'elles deviennent exceptionnelles et ne protègent plus
assez la cause de l'artisan et du malheureux.
Dans ce pays, la taxe territoriale n'entre que
pour deux treizièmes dans la masse générale
des impôts; elle est restée ce qu'elle était en
1697; l'impôt sur les consommations compose
les quatre cinquièmes (1) : de là une des premières causes de la mendicité nombreuse et
choquante dans un pays où abondent tant de
ressources; car il est clair que cet impôt est
celui qui pèse plus particulièrement sur l'indigence.

Une autre cause de la pauvreté dans les
Iles Britanniques existe dans la raison même
qui a élevé au plus haut degré de prospérité
le commerce de cette nation. Les progrès des

---

(1) *Histoire critique et raisonnée de l'Angleterre au
1er. janvier 1816; par M. de Montvéran.*

sciences et des arts, par leur développement
et leur perfectionnement, ont rendu inutile
une quantité innombrable d'individus : dix-
huit mille pompes à vapeur font aller autant de mécaniques, qui sont en action jour
et nuit et remplacent des millions de bras.
Le président de la Société royale de Liver-
pool, M. Heywood, dans son discours à l'assemblée annuelle, a cité les faits suivans :
« La même quantité de fil, dont la fabrication,
» à une époque peu éloignée, exigeait le
» travail d'un homme et d'une machine, est
» centuplée aujourd'hui par l'emploi de la
» même force mieux dirigée ; il y a des ma-
» nufactures où tout est mis en mouvement
» par la machine à vapeur, qui produisent,
» chacune, en un jour assez de fil pour em-
» brasser deux fois le tour du globe ; l'art du
» tisserand s'est perfectionné dans la même
» proportion que la filature, etc. (1). »

L'état de la mendicité dérive donc de deux

_____

(1) *Revue encyclopédique*, t. XXII, p. 185.

causes : l'une, intérieure, qui tient à la législation et à l'état de l'impôt ; l'autre, extérieure, qui tient à l'état politique d'une puissance dont la force morale tend toujours à se maintenir au-dessus des événemens. Quant aux accidens qui dépendent de l'état de la législation, mon but n'étant point de m'ériger en auteur critique, je dois faire connaître les moyens que les agens du pouvoir ont pris pour remédier à une calamité qui paraît incompatible avec la situation florissante d'une puissance qui fixe les regards de l'Europe entière.

La taxe des pauvres depuis l'accroissement de la mendicité a été supportée par les propriétaires (1); des cotisations ont été faites dans les paroisses, elles se sont élevées graduellement suivant le haut prix du froment et le nombre des pauvres (2). Celui des

_____

(1) *État actuel de l'Angleterre comparé avec sa situation à différentes époques*; par L. S. B.

(2) En 1821, les cotisations des communes s'élevèrent à sept millions deux cent soixante et un mille quatre

gens arrêtés pour crimes a suivi les progres-
sions de la mendicité : en 1812, il s'élevait
à six mille cinq cent soixante-seize; en 1821,
il se montait à treize mille six cent quinze;
cependant, en 1812, le blé valait, le quarter, cent vingt-cinq schellings cinq pences; la
même mesure, en 1821, ne valait que cinquante-six schellings.

Dans l'état avancé de la société anglaise,
les besoins de l'homme étant très-multipliés, les secours en denrées de première nécessité ne sont pas suffisans pour empêcher

---

cent quarante et une livres sterlings, sur lesquels il fut
dépensé, pour le soulagement des pauvres, six millions
trois cent cinquante-huit mille sept cent trois liv. sterl.
cinquante-six schell., valeur en francs cent soixante-
huit millions neuf cent soixante-sept mille cinq cent
soixante-quinze fr. pour l'Angleterre et l'Écosse seule-
ment.Cette somme, évaluée en grains d'après le cours de la
même époque, représentait, en quarters, deux millions
deux cent cinquante mille huit cent soixante-huit. Or,
en supposant deux quarters et demi par pauvre, femmes,
enfans, et vieillards compris, il en résultait qu'il y avait
alors, approximativement, neuf cent trois mille quatre
cent cinquante pauvres.

que les délits n'augmentent, il faut d'autres dispositions législatives : voyons donc celles qui ont été prises par le Gouvernement.

Les Anglais ont fondé six villes à la nouvelle Hollande et ils viennent de fonder la septième sous le nom de Campbel-Town, dans lesquelles ils ont trouvé des débouchés pour l'excédant de leur population ; une association composée de capitalistes a trouvé un moyen de remédier aux maux et à l'état de misère de plusieurs familles anglaises et irlandaises, en fondant au Brésil et à Buenos-Ayres une colonie, protégée par l'autorité locale avec d'autant plus de raison, que ce pays manque de bras ainsi que d'ouvriers et d'agriculteurs pour y propager l'industrie et les arts.

Les établissemens dans l'Indostan, ceux dans l'Amérique septentrionale et dans les Antilles, ceux en Afrique, à Sierra-Leone et autres, seraient plus que suffisans pour occuper les individus que la position nouvelle de l'état social a réduits à l'oisiveté ; mais des hommes qui ont passé la plus grande partie de leur carrière attachés aux travaux des manufactures sont-

4.

ils capables de conduire le soc de la charrue?
Et serait-il juste, après qu'ils ont blanchi sous
le harnois, de les contraindre à une expa-
triation forcée? On ne doit pas le supposer.

Mais l'association qui s'occupe des coloni-
sations est une affaire toute privée, elle ne contraint et ne peut contraindre personne; elle
fournit aux frais de transport et d'entretien
des colons jusqu'aux nouvelles récoltes, et le
Gouvernement n'intervient que par une protection indirecte. Les exemples des entreprises de cette nature formées par des Suisses
tant au Brésil qu'en Amérique ont appelé
l'attention de plusieurs écrivains, qui ont pré-
senté des tableaux assez tristes et faits pour
détourner ceux que des malheurs politiques
ou privés pourraient jeter sur des rivages
étrangers; mais, d'abord, les premiers colons
suisses au Brésil furent victimes de sa révolution, qui les priva des secours et de la
bienveillance du roi dé Portugal; et les autres
colonies dans les États-Unis, sous le nom de
la nouvelle Vevey et de Gand, abandonnées
à elles-mêmes sans le secours et la protection

d'une métropole, qui, comme celle de l'Angleterre, contient des associations protectrices, ont dû nécessairement être les victimes de l'esprit d'indifférence, dans un pays où les nuances de sang, de culte et de législation, ne peuvent qu'altérer le caractère national et empêcher le développement des vertus hospitalières.

Pourquoi cette politique intérieure, quelquefois grande et généreuse, paraît-elle si souvent opposée à la politique extérieure, qui met le sort des nations dans la même balance avec l'intérêt? C'est parce que les habitudes d'une éducation qui tend à éloigner les Anglais de tout ce qui présente l'aspect des abstractions les font tomber dans une sorte d'empirisme, qui les porte à ne considérer les objets que sous les rapports physiques; en définitive, l'esprit des affaires, qui influe sur l'énergie morale, tient la politique extérieure dans sa dépendance, et produit des maux qui contrastent avec la fierté et la magnificence d'un peuple qui, sous plusieurs rapports, s'est acquis des droits à l'admiration. Les Anglais ont, les premiers, proscrit le commerce irréligieux de la traite des Nègres, en y imprimant l'idée de l'infamie, et cependant, malgré toutes ces dispositions, non-seulement l'esclavage le plus dur existe dans la plupart des possessions des Anglais aux Indes occidentales, mais encore les propriétaires se sont opposés avec succès aux tentatives qui ont eu pour objet d'améliorer le sort des Nègres: une conduite arbitraire, qui les a portés à empêcher l'Europe d'intervenir dans leur système de tyrannie, n'a pas été réprimée. A la Jamaïque, la cupidité est telle, qu'elle porte les créoles à mettre des obstacles aux instructions religieuses : ces injustes dominateurs, craignant qu'une morale pure, en élevant l'ame de ceux qui la reçoivent, ne les rende. incapables de supporter l'esclavage, sacrifient les droits les plus sacrés pour contenter leur cupidité insatiable (1).

Il est beau de voir le zèle religieux propager dans les divers états de l'Amérique les

_____

(1) *Revue encyclopédique*, t. XXIV, p. 126.

principes du christianisme. Sur quatre cent trente-cinq missionnaires qui parcourent ces contrées, les Anglais en ont pour leur compte trois cent treize (1). Mais pourquoi ce même zèle qui fait marcher à la conquête des ames ne se fait-il pas également remarquer dans l'Indoustan, et pourquoi, en y propageant les bienfaits de leurs institutions civiles et politiques, telles que celles du jury et des hauts tribunaux, n'y établiraient-ils pas celle encore plus fondamentale de la religion? Si c'est parce que le culte de Brama et de Mahomet rend ces peuples plus disposés à l'obéissance et plus faciles à gouverner, alors l'esprit des dogmes n'est donc plus que cette règle de plomb dont parle le célèbre auteur d'*Anacharsis*, qui fléchit au gré de l'intérêt et de la politique.

La non-conformité des Gouvernemens politiques de l'Amérique, avec des modifications dignes des progrès actuels de la civilisation,

---

(1) *Rapport de* M. John Saint-Clair *sur la statistique de l'Angleterre.*

avait paru, aux yeux des hommes sages, une
garantie autant pour la vieille Europe que
pour les gouvernemens américains. En effet,
les nations, comme les hommes, ont leurs époques d'ambition, et il est impossible que de
jeunes démocraties arrivées à un état d'indépendance ne deviennent pas orgueilleuses :
l'orgueil amène l'outrage, l'outrage la vengeance, et la vengeance, *cette justice sauvage,*
fait ruisseler des flots de sang. Tel fut le sort
des petits états démocratiques de l'ancienne
Grèce : pourquoi croirait-on que, dans un pays
où la nature a marqué des dissemblances qui
maintiennent dans le sang même des habitans
des antipathies naturelles, les hommes dussent être plus sages que ne le furent les anciens Grecs?

En se portant médiateurs entre les colonies
et le métropole, les Anglais auraient maintenu
les principes conservateurs des droits des
Gouvernemens européens. Leurs commerçans, dès qu'ils ont traité pour l'exploitation
des mines avec des sujets révoltés, ont en-
levé à la couronne espagnole le droit de

20 pour 100 net qu'elle avait à prétendre d'après les anciennes chartes.

L'Angleterre n'a pas nié à la métropole son droit légal; mais une politique qui ne fut pas suffisamment expliquée lui a refusé les moyens de l'exercer : ainsi, quand le sentiment des besoins réciproques, la même religion et les mêmes mœurs unissaient ceux des Espagnols des deux hémisphères qui étaient étrangers aux révolutions et à l'esprit de parti; quand ceux du nouveau Monde appelaient à grands cris les secours de la mère-patrie, les Anglais, guidés par l'appât des nouveaux débouchés qui s'offraient à leur industrie, ont encouragé, par leur exemple et par l'effet de leur politique extérieure, une émancipation qui leur procure des avantages présens, mais qui ravit à l'Europe celui de sa balance commerciale. Il est probable, en effet, que l'Amérique apprendra, quelque jour, à se passer de nos productions, avant que nous sachions nous affranchir des habitudes et des besoins qui nous rendent ses tributaires.

Ces nuances, au surplus, placées à côté de

trophées industriels, ne sont point faites pour
en obscurcir l'éclat; la vérité ne cesse pas
d'exister malgré les ombres qui l'entourent.
Nous avons vu que, dans tous les systèmes
politiques et économiques, les Anglais, accoutumés à soumettre tout aux calculs mathé-
matiques, arrivent toujours tard dans la carrière, où d'autres nations souvent les précèdent; mais qu'en dernier lieu ils finissent par
se rattacher à des principes conservateurs de
l'ordre : il faut donc espérer que leur politique extérieure, d'accord avec leur régime
intérieur, finira par s'allier avec les intérêts
des nations et les droits des Gouvernemens.

ARTICLE II.

DE LA SUISSE.

Le bonheur des Suisses dépend autant de
leurs mœurs que de leur travail : nés sur une
terre qui ne produit qu'autant qu'elle est arrosée de leurs sueurs, et qui n'offre que peu
au-delà des besoins de ceux qui la cultivent,

que deviendrait leur pays, si l'économie ne formait la principale base de l'éducation de ses habitans? Il serait le centre de toutes les misères : les principes fondamentaux sur lesquels repose la société suisse sont la loyauté, la fidélité, la règle dans les pratiques religieuses, l'éloignement des habitudes dispendieuses et la liberté.

A une époque où le génie des découvertes porte toutes les nations du globe à étendre leurs besoins et à s'approprier l'usage des mécaniques qui remplacent la main-d'œuvre, quel serait le sort d'une nation sans ports, sans canaux, privée de ces grands moyens de communication qui donnent tant d'essor au commerce, si le luxe chez elle n'était condamné par les lois et par les mœurs?

Les Suisses ont eu leurs guerres religieuses et leurs dissentions civiles, le sang des victimes a coulé sur les échafauds; mais au commencement de ces guerres, il se trouva encore chez eux quelques hommes sages dans les deux communions, qui disaient : « Si » notre foi est véritable, et si elle nous vient

» de Dieu, prouvons-le, les uns et les autres,
» par des œuvres de charité; car la charité
» vient de Dieu, et la haine vient de Sa-
» tan (1). »

Le sol montueux de la Suisse est généralement froid; la terre, chargée d'alumine, n'y
produit que peu de froment; dans beaucoup
de situations c'est l'épeautre qui le remplace;
il y a plusieurs cantons où le produit des céréales ne peut suffire à la consommation, les
habitans sont obligés d'en tirer de l'Allemagne; mais ils sont dédommagés par les
produits de leurs troupeaux.

Le modèle de la véritable économie agricole se trouve en Suisse : là, rien n'est perdu,
par-tout l'homme rend productives les situations les plus stériles; par-tout il lutte contre
le désavantage de sa position, et au bout de
sa carrière, il est souvent plus avancé et plus
heureux que celui qui habite une terre où la
nature a versé avec prodigalité ses plus riches

(1) *Histoire de la nation suisse*; par Henri Zschokke,
traduite par Monnard.

faveurs : c'est ce qui prouve que la possession est peu, et que savoir tirer parti des choses est tout.

En échange des denrées coloniales de toute nature, des draps, des soies, des objets de mode, des vins, des eaux-de-vie et liqueurs, que peut offrir la Suisse en denrées de son territoire? Du bétail, quelques étoffes de coton et de fil, qui ne peuvent que trop difficilement soutenir la concurrence avec celles de l'Angleterre; de l'horlogerie, des chapeaux de paille, des peaux, du suif, beurre et fromage. Il est aisé de reconnaître que la balance du commerce ne peut exister par les échanges; car les besoins que les Suisses ont des denrées coloniales répandues jusque dans les dernières classes des paysans formeraient, au désavantage du pays, un déficit annuel, si les causes que je vais entreprendre d'exposer ne compensaient largement la non-valeur que présente, au premier aspect, leur balance commerciale.

En suivant la marche de l'éducation nationale, nous reconnaissons que la sage éco-

nomie n'est pas le seul effet qu'elle produit :
c'est elle, ce sont les leçons et les exemples
qui viennent à l'appui, qui font germer dans
les cœurs l'amour du pays; car c'est ce sentiment qui détermine les émigrations pour un
temps; c'est lui qui a donné naissance à ces
légions disciplinées, dévouées et fidèles à la
cause qu'elles ont promis de servir; c'est lui
qui a fondé dans les États-Unis, sur les bords
de l'Ohio, les colonies de la nouvelle Vevey
et de Gand; c'est enfin ce même sentiment qui
a fait naître ces institutions célèbres d'instruction et d'éducation théorique et pratique
d'agriculture qui ont obtenu l'admiration des
étrangers.

La liberté de l'Helvétie reçoit ses garanties
du dévouement que les Suisses offrent à des
souverains étrangers : tous savent que leurs
services au dehors sont utiles à leur patrie;
mais quoiqu'ils fassent preuve pour le souverain qu'ils servent d'une valeur encore
attestée par les fastes modernes, cependant
l'amour de la patrie reste toujours au fond de
leurs cœurs; le moindre accident suffit pour

en rappeler le souvenir : ils le prouvèrent sous
Louis XIV en s'abandonnant à la funeste mé-
lancolie que fit naître spontanément l'air appelé *le Ranz des vaches,* dont la triste mélodie
leur rappela le lieu de leur berceau (1).

Quelques personnages distingués par leur
rang et leur savoir ont eu le projet de rendre
la Suisse un centre d'éducation pour l'Europe : M. de Fellemberg a élevé dans le village
d'Hofwyl, à deux lieues de Berne, divers instituts d'agriculture théorique et pratique. Il
y a près de vingt ans que cet établissement
européen a été créé par les soins d'un homme
de génie ; j'ai dit européen, parce qu'il y a
tant de voyageurs de tous les pays qui l'ont
fréquenté et que tant de relations sont sorties
de différentes plumes sur les méthodes d'Hofwyl, qu'il semble que l'Europe érudite se soit
en quelque sorte emparée de cette heureuse
idée.

---

(1) Beaucoup de soldats suisses ayant été atteints de la
nostalgie et étant morts des suites de cette maladie, le
roi voulut en savoir la cause, il apprit que c'était l'air
appelé *le Ranz des vaches* qui avait produit cet effet.

Plusieurs souverains ont honoré d'une protection spéciale les Instituts-Fellemberg ; des
princes russes et wurtembourgeois ont été
accueillis à Hofwyl : là, placés sous les soins
du chef d'une nombreuse famille, dont la
sollicitude s'étend sur tous les membres qui
la composent, ils ont appris de bonne heure,
comme Henri IV, à connaître le prix des
sueurs du laboureur. Puissent - ils, comme
lui, guidés par les premiers souvenirs, qui,
dans les bons cœurs, sont inaltérables, être
rappelés vers la cabane du pauvre, et, comme
lui, placer leur gloire à faire le bonheur d'une
classe si utile et si souvent oubliée !

D'autres jeunes gens appartenant à des
familles riches et recommandables de l'Allemagne et de l'Italie sont venus puiser une
instruction théorique et pratique dans ces
institutions éloignées des influences pertur-
batrices, et dirigées par trente-trois maîtres,
parmi lesquels M. de Fellemberg se plaît à
maintenir cet esprit de bienveillance qu'il
professe lui-même pour la jeunesse.

M. le comte de Capo d'Istria, qui a écrit

dès l'année 1817, sur les instituts d'Hofwyl,
c'est-à-dire avant qu'ils eussent reçu le degré
de perfectionnement auquel ils sont arrivés
depuis, a dit :

« Il y a à Hofwyl des ateliers de *mécani-*
» *cien, charpentier, charron, menuisier, tour-*
» *neur, maréchal, cordonnier, tailleur, serru-*
» *rier* et *fondeur,* qui tous sont mis en ré-
» quisition pour l'apprentissage des élèves
» des écoles des pauvres, qui apprennent
» un métier outre l'agriculture. »

Les instituts de M. de Fellemberg sont de
deux sortes : celui des riches, pour lesquels il
y a, comme je l'ai dit plus haut, trente-trois
maîtres, et celui des pauvres, pour lesquels
il y en a un seul. C'est le bon et estimable
Wherly, qui enseigne aux enfans pauvres la
lecture, la calligraphie; de l'histoire naturelle, de la chimie et de la botanique seulement ce qui est applicable à l'agriculture;
un peu de dessin pour représenter diverses
plantes et les caractériser par leurs marques
distinctives; de la géométrie les connaissances
nécessaires pour mesurer un terrain, le nive-

ler et le réduire en prairies ; pour mesurer une meule de bois ou de foin ; pour évaluer, par le nombre de pieds cubes de terres qui se trouvent dans le déblai d'un terrain , la quantité de journées qu'on doit y employer: voilà, outre les travaux de la manualité, ce qui forme l'instruction de ces pauvres d'Hofwyl, qui sont destinés à devenir des chefs de travaux utiles. En les accueillant sous un toit hospitalier, M. de Fellemberg a fait non-seulement une belle, mais encore une bonne action ; il a ravi des malheureux à l'infortune et il a enrichi son pays, car les connaissances qu'il leur a données se répandent insensiblement sur les différens points de la Suisse. L'école rurale de Bâle, fondée par des personnes bien intentionnées de cette ville, a été confiée à la direction d'un élève de M. Wherly d'Hofwyl : cet exemple n'a pas été sans imitateurs dans les autres parties de la Suisse.

Les instituts des riches à Hofwyl sont basés sur les deux puissantes causes du bonheur de la vie de l'homme, ils renferment l'instruction et l'éducation. La première comprend le développement de ses facultés morales et intellectuelles, et la seconde renferme l'hygiène, l'exercice, la gymnastique, l'art militaire, les courses, le tir au pavois et l'équitation, elle comprend même l'habitude des secours mutuels et des œuvres de charité; car pour faire naître en eux le germe des vertus sociales, M. de Fellemberg leur permet de former entre eux un conseil, qui administre les secours que chaque élève offre suivant ses petites facultés pour les pauvres du canton.

Les familles titrées et puissantes qui ont envoyé leurs enfans à l'école des riches à Hofwyl ont sans doute pensé qu'on ne pouvait apprécier les travaux du laboureur, quand on ne les considérait qu'à travers le prisme de l'imagination, et que c'était préparer d'avance les douceurs de la vie champêtre à ceux que leur destin appelait à venir y chercher le contraste d'une carrière inquiète et souvent orageuse, que de les instruire dans les connaissances qui peuvent augmenter le prix de la retraite d'un homme d'honneur, ami de la tranquillité.

Les instituts d'Hofwyl offrent dans les arts d'utilité et d'agrément ce que l'on peut trouver dans une grande ville; mais du moins les écueils et les distractions ne s'y présentent pas à chaque instant pour étouffer des semences à peine germées et corrompre le bienfait de l'éducation.

Si la cloche annonce l'heure de la récréation, celle-ci est toujours dirigée de manière à contribuer à l'achèvement de l'homme physique; l'exercice de l'équitation a lieu le matin, celui de la gymnastique, le soir; dans la journée et dans la belle saison, les élèves vont se promener librement dans les champs découverts qui entourent le point central de l'établissement élémentaire.

Les sciences naturelles, comme la botanique et la chimie, sont enseignées de manière que la pratique marche toujours à côté de la théorie; pour les sciences exactes, les exemples sont toujours appliqués à l'agriculture, parce que cet art étant celui dont les

autres ne sont que des ramifications, il est
toujours plus facile que les principes établis
soient appliqués à d'autres arts.

. Les académies de musique tenues par les
élèves d'Hofwyl, qui ont attiré beaucoup de
personnes de Berne et des cantons voisins,
ont donné la plus haute idée des soins que
M. de Fellemberg apporte pour que ses élèves
reçoivent une éducation relative à leur état
social.

Pour les langues mortes et la plus grande
partie des langues vivantes, il y a des maîtres
particuliers; tous ces instituteurs forment
entre eux un conseil, qui, tous les soirs,
est présidé par M. de Fellemberg. Là se
prennent les résolutions qui doivent porter
des améliorations dans l'état moral ou physique d'un nombreux essaim de jeunes gens,
que le chef cherche à gouverner comme s'ils
étaient tous ses propres enfans. Il mange
avec eux; il les suit dans leurs travaux, dans
leurs récréations; il place celui qui est né vif
et impétueux avec un plus âgé et d'un caractère flegmatique. Celui - ci devient pour le

jeune élève un Mentor; on le pénètre de l'idée qu'il est dépositaire des intérêts les plus sacrés; sa mission devient imposante, il prend les habitudes d'un père et finit quelquefois par en acquérir les affections.

C'est ainsi que l'on voit souvent, dans des régimens, de vieux et honorables officiers prendre sous leur protection de jeunes sous-lieutenans et leur donner des conseils salutaires.

A Hofwyl, l'œil de la surveillance est partout; elle a rarement besoin du secours de la sévérité; aussi les châtimens y sont rares : quant aux récompenses, elles sont épargnées avec soin, le fondateur a pensé que l'orgueil, qui se glisse furtivement dans le cœur de l'homme, était pour lui un ennemi qui se présentait toujours assez tôt, et que le sentiment qu'éprouve celui qui a bien fait était déjà une assez belle récompense, sans qu'il fût nécessaire de décourager ceux dont les facultés sont moins grandes. Cette manière de voir dans le système d'éducation de M. de Fellemberg n'empêche pas la distribution

annuelle des prix décernés aux élèves. Quant
à ceux qui ne sont pas doués d'une heureuse
mémoire ou dont l'intelligence est bornée,
ils peuvent aspirer à des prix de sagesse et
d'activité.

Obligé de me renfermer dans les limites d'une
esquisse pour ce qui concerne les établissemens d'Hofwyl, j'ajouterai quelques réflexions sur les habitudes de la vie des pauvres; elles se rattachent d'ailleurs davantage
au but de cet ouvrage. Ils ont une nourriture
saine, suffisante, mais grossière; ils couchent
sur des matelas propres, mais garnis de paille
seulement : ces jeunes gens apprennent ainsi
qu'ils ne sont point élevés pour les douceurs
de la vie, et que c'est des habitudes de leur
premier âge que dépendront un jour le bonheur et le repos de leur vieillesse.

Le temps des élèves pauvres est partagé
entre les travaux manuels et l'étude ; leurs
passions, amorties par des occupations cons-
tantes et les bons exemples qu'on leur donne,
les rendent de bonne heure hommes; au sortir
de cet institut, ils reçoivent un capital, qu'ils

ont pu économiser lorsqu'ils ont passé élèves-
instructeurs et qui a été placé, à leur profit,
par M. de Fellemberg, dans une caisse d'é-
pargnes. Lorsque leur temps est achevé, ils
sont ordinairement recherchés par les hommes
qui ont besoin de régisseurs. Combien de propriétaires en France ont souvent été victimes
de l'ignorance et de la fourberie de ceux en
qui ils ont placé leur confiance! accident qu'ils
auraient évité s'ils avaient eu des sujets comme
ceux d'Hofwyl.

Les jours de repos sont consacrés aux devoirs de piété, à l'exercice du chant, qui n'est
point négligé dans les récréations de l'école
des pauvres; il arrive même souvent, dans les
beaux jours d'été, que ces jeunes gens commencent la journée de travail et la finissent
en élevant leurs voix au ciel par des concerts
harmonieux. Il est beau et même touchant de
voir cette jeunesse, appelée à féconder les
champs de l'Helvétie, offrir, par des tons mo-
dulés, au Dieu de paix l'hommage de sa reconnaissance.

Outre les instituts agricoles d'Hofwyl, il

y en a encore dans le canton de Zurich, de
Bâle, de Soleure; un à Brasihof, et celui du
canton de Glaris à Linth-Boden, établi sur un
sol provenant du desséchement des marais de
Linth, instituts destinés uniquement pour
l'instruction des pauvres. Des Sociétés économiques, dans presque tous les cantons, encouragent l'instruction et les améliorations en
agriculture, il n'y a pas de doute qu'elles
n'aient augmenté les ressources alimentaires,
qui, en effet, ont été dans une progression
croissante comme la population (1).

L'institut d'Yverdun, qui avait été fondé
par le respectable M. Pestalozzi, avait un

_____

(1) M. Mac Carthy, auteur d'un *Dictionnaire géogra-*
phique, élève-la population de la Suisse à un million
sept cent quatorze mille habitans. Dans un voyage que
je fis, au mois de novembre 1821, dans ce pays, le ministre protestant de la paroisse de Buchsée, près Hofwyl,
où je m'arrêtai dix-huit jours pour y contempler les instituts de M. de Fellemberg, me dit, pour me donner
une idée de l'augmentation de la population dans sa paroisse, qu'il avait alors quatre-vingt-six enfans à la première communion, et que, dix-sept ans auparavant, il
n'y en avait que quarante-cinq ou quarante-six.

autre but et d'autres bases que celui de M. de
Fellemberg; l'auteur de plusieurs ouvrages
très-estimés sur l'éducation définit ainsi cette
méthode (1) : *une construction des élémens
des sciences pour les enfans, eux-mêmes mu-
tuellement destinés à s'instruire* sous la direction et avec l'aide de leurs instituteurs.
L'âge avancé de ce patriarche de la science l'a
forcé de quitter la carrière qu'il avait honorablement parcourue. Les instituts d'Yverdun
n'existent plus, mais leurs vues ont été re-
cueillies sur divers points de l'Europe; il y a
des établissemens fondés sur les mêmes bases
en Saxe, à Visbaden, entre Mayence et Franc-
fort, duché de Nassau, en Angleterre, en Prusse,
à Berlin, aux États-Unis d'Amérique, et en
France, près Colmar.

Si la Suisse voit fleurir la plupart des établissemens modèles dont j'ai parlé, combien

_____

(1) *Précis sur les instituts de M. de Fellemberg, établis à Hofwyl, auprès de Berne.* Extrait du *Journal d'é-
ducation;* par M. A. Jullien, de Paris, chevalier de la
Légion-d'Honneur.

l'application des mêmes idées , avec des modifications relatives aux localités et à la législation, ne serait-elle pas plus avantageuse
sur un sol tempéré comme celui de la France,
où des produits plus variés amèneraient des
théories plus étendues et plus savantes? En
Suisse, les fruits de la vigne et de beaucoup
de plantes fruitières ne mûrissent pas. La crudité des eaux de source n'y permet que difficilement la culture des plantes herbagères ;
produits qui trouvent en France leur patrie
véritable.

Nés sur un territoire peu fertile, mais séjour de la paix et de la loyauté, les Suisses
sentent que leur garantie politique dépend
beaucoup de la pureté de leurs mœurs; ils
n'ont point de salles de spectacle (1), peu de
cafés ; il serait peut-être à désirer que le nombre en fût encore plus restreint. La journée
du travailleur s'y soutient encore au prix de

---

(1) Il faut en excepter la ville de Genève , où il y a
une salle de spectacle ; mais cette ville et son petit territoire ne sont suisses que par agrégation.

trente-cinq à quarante sous, malgré l'aridité
de son sol, parce que les épargnes faites par
les moyens que j'ai cherché à décrire y soutiennent encore une honnête aisance; mais si
par des causes soit extérieures, soit intérieures,
les amis et les alliés naturels de la France se
trouvaient gênés dans leurs moyens d'échange
et dans la libre circulation de leurs denrées,
alors il est facile de prévoir ce qui en résulte-
rait pour un pays qui a de si petits revenus
et qui tient son bonheur de ses mœurs et de
sa liberté (1).

ARTICLE III.

DU CANTON DE GENÈVE.

Quoique le très-petit territoire de ce canton ne permette que peu d'expériences en
agriculture, il est cependant vrai que Genève
est une des villes de l'Europe où l'on s'occupe

---

(1) M. Mac Carthy estime que les revenus publics des
Suisses ne s'élèvent qu'à huit cent cinquante mille francs.

le plus des théories agricoles et des arts qui
s'y rattachent; elle renferme d'ailleurs, póur
les sciences, une masse de lumières beaucoup
plus considérable que ne semble le comporter l'étendue de sa population, qui n'est
que de trente mille habitans.

Le célèbre M. de Candolle a élevé la science
de la botanique à son plus haut période.

M. Charles Pictet a publié un ouvrage ex-
cellent sur les méthodes d'assolement.

Au printemps de 1820, il a été formé dans
le domaine de Carra, commune de Pressinges,
une école rurale à l'instar de celle d'Hofwyl.
Le gouvernement cantonnal, quatre ans auparavant cette fondation, s'entendit avec
M. de Fellemberg, qui non-seulement lui
accorda pour directeur de cette école un de
ses élèves les plus capables, le jeune Eberhardt, de Celigny, alors apprenti charron à
Hofwyl, mais encore admit dans son école
deux enfans-trouvés provenant de l'hôpital
de Genève, qui, réunis ensuite à Eberhardt,
furent destinés à former le noyau de l'établissement projeté.

Un apprentissage de dix-huit mois a pleinement réussi ; ces deux jeunes gens sont revenus pliés aux habitudes de l'ordre et du travail : maintenant cet établissement est composé de vingt-quatre élèves , quantité que peut comporter l'étendue du terrain qu'ils ont à travailler ; le plus âgé d'entre eux n'a que seize ans. La dépense des deux premières années , sauf le déficit ou fonds de première mise à combler , a été à deux cents francs par tête. A mesure que le travail devient plus productif , ce déficit diminue , et non-seulement on peut espérer que , la cinquième année , il n'y aura aucune perte , mais encore qu'elle laissera quelque bénéfice à l'établissement.

L'instruction que les enfans reçoivent à Carra est dirigée de manière à les préserver du désir mal entendu de sortir de la carrière qu'ils ont embrassée. Eberhardt , le père et l'ami de ses élèves , met un soin particulier à les entretenir dans les habitudes religieuses ; enfin son école présente le même but , les mêmes moyens , le même esprit et

le même résultat que celle dite des pauvres,
dirigée par le bon Wherly d'Hofwyl.

La différence bien importante qui doit
être signalée entre ce plan d'éducation et un
apprentissage ordinaire, c'est que l'apprenti
qui, outre l'exercice de ses facultés physiques,
reçoit encore une éducation morale et intel-
lectuelle, offre à la société plus d'avantages
réels et de plus fortes garanties.

Des vues d'un autre ordre ont encore occupé plusieurs personnes également animées
de l'amour du bien public de Genève ; elles se
sont proposé de travailler à la confection d'un
code rural, qui sera précédé d'une instruction
complète et motivée sur les différentes clauses, conditions et réserves qui doivent entrer
dans les actes par lesquels un propriétaire
confie à un cultivateur l'exploitation de ses
terres. Cette instruction devra indiquer les
précautions à prendre par le propriétaire
pour que son domaine ne soit pas détérioré ;
elle fera connaître dans quelle proportion les
grangers et les fermiers devront être habituel-
lement pourvus d'ouvriers et d'animaux, re-

lativement à l'étendue des champs et des prés
qui composent le domaine. Ces mêmes personnes y traiteront la question des avances
faites au cultivateur, ce qui les conduira à
. parler d'expertises, objet délicat qui doit être
pesé avec soin; elles discuteront le pour et le
contre d'une réserve pour cas fortuits; elles
parleront de la durée des baux, de l'époque
la plus convenable pour leur renouvellement
et des cas qui peuvent autoriser leur résilia-
tion avant l'échéance du terme; elles spécifie-
ront les précautions à prendre pour que
l'exploitation de la dernière année du bail ne
tourne pas à la ruine du domaine; elles exa-
mineront jusqu'à quel point l'on peut, dans les
divers genres de baux, recommander, encourager ou prescrire l'établissement des prairies
artificielles, l'adoption de tel ou tel assolement, ou l'emploi de certains instrumens de
labourage, sans perdre de vue qu'il ne s'agit
pas d'un traité d'agriculture, mais de la meilleure rédaction possible d'un acte de fermage.

Si cet ouvrage venait à paraître, d'autres
pays pourraient y puiser des notions utiles,

la France elle-même n'a encore sur la législation agricole que des documens imparfaits (1).

ARTICLE IV.

DE LA HOLLANDE OU DES PAYS-BAS.

Lorsque Louis XIV recommandait à ses ministres d'observer les vues économiques de la Hollande, et de suivre cette puissance dans ses plans commerciaux, ses habitans étaient voués plus particulièrement à l'industrie ; mais les nations commerçantes et industrieuses étant sujettes à des revers presque inévitables, les Hollandais, après avoir fait de leur patrie la terre classique du commerce, en ont fait aussi une des meilleures écoles d'agriculture : ils se sont avancés avec prudence dans les in-

---

(1) En 1822, M. Carret, professeur de droit à Rennes, a produit sur cette matière un ouvrage qui a pour titre : *Introduction à l'étude des lois sur les domaines congéables, et Commentaires de celles du 6 août* 1791.

novations, et maintenant ils partagent leur culte entre Cérès et le dieu du commerce.

C'est l'esprit de l'économie uni à celui de l'agriculture, qui a fondé à la Haye, dès l'année 1821, cette société célèbre, sous le nom de *Société de Frédéricks-O'ord*, pour le soulagement des pauvres et l'amélioration de l'agriculture; elle était déjà soutenue par vingt-quatre mille actionnaires, dont le nombre, depuis, est sans doute beaucoup augmenté.

Le prince héréditaire a bien voulu accepter le titre de fondateur et de président de cette société bienfaisante, c'est pour cette raison qu'elle a pris le titre de *Société de Frédéricks-O'ord*.

· Fertiliser des landes au profit de la classe indigente; assainir des lieux marécageux, y créer un sol nouveau; établir de petits domaines, tous de forme régulière et de la même étendue, y offrir à l'indigence un toit protecteur et lui procurer, par le travail des terres qui les entourent, des moyens de subsistance : voilà, en résumé, le but de la fondation de *Frédéricks-O'ord*.

Chacun de ces domaines a deux chambres,
une écurie, un grenier, un jardin, un verger,
et environ quatre arpens de terre, qui, bien
cultivés, peuvent suffire à la subsistance d'une
famille composée de trois ou quatre personnes. En outre, les directeurs de la colonie
ont soin de procurer à ces familles les moyens
qui peuvent contribuer à leur entretien, en
donnant aux femmes et aux enfans du lin ou
de la laine à filer, pour les occuper dans la
mauvaise saison.

Au milieu de la colonie se trouvent placés
les écoles, l'église, l'administrateur et le chi-
rurgien; l'on voit un heureux concours de la
part de chacun pour prévenir les dangers de
l'oisiveté.

Lorsqu'un colon n'a pas d'enfans, la Société l'engage à en choisir un parmi les orphelins; cet enfant aurait coûté soixante florins par an au Gouvernement s'il fût resté
dans les hôpitaux, le colon reçoit seulement
vingt-cinq florins, pendant plusieurs années,
de l'hôpital, qui alors se trouve allégé d'une
portion de son fardeau. Le colon contracte

6.

les obligations d'un père adoptif; l'habitude le lie à l'orphelin qu'il a choisi dans un âge faible, et souvent il acquiert pour lui les plus tendres affections.

Des événemens politiques avaient tellement multiplié l'indigence dans les Pays-Bas, qu'elle était arrivée au septième de la population. Cette création, à-la-fois pieuse et utile à l'État, l'a considérablement diminuée; elle continue d'arracher des malheureux à l'infortune; elle a enrichi l'agriculture et augmenté le capital du royaume; elle a porté la salubrité dans des lieux où les terres, devenues stériles par le non-écoulement des eaux, n'appelaient que des reptiles et répandaient au loin des causes de maladie.

Cette institution, dont une personne attachée à S. M. le roi des Pays-Bas a fait connaître les détails (1), offre cet avantage, qu'elle tient non-seulement aux hommes, mais encore bien plus aux choses et à l'État, dont

_____

(1) M. le baron de Keverberg, conseiller d'état de S. M. le roi des Pays-Bas.

elle a diminué les charges de deux millions de florins ; de plus, elle a assuré que, dans dix ans, cette dépense serait épargnée.

Pour que les hommes bienfaisans qui sont les soutiens d'une œuvre aussi louable puissent offrir leur cotisation sans en éprouver une gêne momentanée, il a été établi que les perceptions auraient lieu toutes les semaines : ainsi sur vingt-quatre ou trente mille actionnaires, il y en a qui donnent, les uns dix francs, d'autres seulement dix sous par semaine. Ces sommes, cumulées, forment un capital de plus de cent mille florins par an, avec lesquels la Société fait sans doute les premiers frais.

Il faut bien que les Hollandais aient reconnu la grande utilité des colonies agricoles ; car, d'après ce que j'ai remarqué dans un ouvrage périodique (1), je vois qu'outre la colonie de *Frédéricks-O'ord* il existe encore celle de Worttel, que l'on annonce être dans un état des plus florissans ; le même auteur fait connaître que l'on s'occupe d'en fonder

_____

(1) *Bibliothèque physico-économique.*

une nouvelle au milieu de la bruyère de Meexplas, pour purger la ville de Bruxelles de tous les oisifs.

Ces petits domaines sont de plus destinés à recueillir les individus qui ont servi l'État. Comment le Gouvernement ne les protégerait-il pas quand ils contribuent à acquitter une de ses obligations les plus sacrées?

Une institution dont le but est de reconnaître et d'honorer les droits du malheur et de l'indigence fait un éloge toujours éloquent du règne sous lequel elle a été créée.

En transportant dans les campagnes les établissemens consacrés à l'indigence, on sauve l'infortune des écueils qui l'entourent; on lui ouvre un avenir, un moyen d'existence; on soutient l'être moral, on le rapproche du lieu de sa première vocation; car la campagne est le lieu d'habitation indiqué par la nature à celui qui n'a rien.

La Hollande, dans le seizième siècle, vit aussi fleurir dans son sein les arts d'éclat: suivant M. le baron de Reiffenberg, « le règne » de Philippe-le-Bon répandit le génie du

» luxe et aiguillonna l'industrie, qui s'efforça
» de satisfaire aux nouveaux besoins de la ci-
» vilisation (1). » C'est sans doute d'après les
souvenirs de ces époques que des hommes
éclairés, amis de la prospérité de leur pays,
ont cherché à éclaircir cette importante question : « Qu'y a-t-il à dire de l'état actuel des
» lumières qui éclairent les peuples et de
» l'influence qui en résulte sur leur état mo-
» ral? Quels sont les moyens convenables
» pour en seconder ou en modifier les pro-
» grès (2)? »

Quelle que soit la solution d'une proposition qui touche de si près les plus grands intérêts des États, il est constant que les institutions sur lesquelles je me réserve d'offrir de
nouveaux détails à l'article *Colonies de bienfaisance* ont dû paraître une ancre de salut à
une puissance qui a perdu dans la lutte commerciale une portion de ses avantages : un

---

(1) *État de la Hollande au seizième siècle.*

(2) *Société hollandaise des sciences et des beaux-arts;*
prix à adjuger pour 1825.

Gouvernement prévoyant l'a senti, aussi a-t-il maintenant tourné ses vues plus spéciale-ment vers l'agriculture, et il vient encore de former à Utrecht une École vétérinaire à l'instar de celles que nous possédons à Al-fort et à Lyon.

L'industrie nationale, l'agriculture et les colonies ont été regardées comme des objets assez importans pour former un ministère spécial, c'est par ses soins qu'il va être rédigé et imprimé un ouvrage sur l'agriculture en général des Pays-Bas; seul moyen de con-naître ses besoins et ses ressources.

La Flandre hollandaise a été une des par-ties de l'Europe où le mouvement progressif des améliorations agricoles s'est fait sentir primitivement, et c'est là qu'elles ont été suivies avec plus de constance; le système de culture alterne s'y est propagé avant qu'il fût introduit en Angleterre.

Les terres de la Hollande sont générale-ment légères : sur quatre millions cinq cent trente-neuf mille cinq cent trente-quatre hec-tares, l'on ne compte qu'un million quatre

cent quatre-vingt-huit mille quatre cent cinquante-deux hectares de terres labourables ,
sur lesquels il y en a seulement deux cent
vingt-huit mille quatre cent soixante-deux
semés en épeautre ou en froment , en seigle ,
en méteil , en orge et escourgeon , en légumes
secs et en avoine ; un million cent quarante
mille neuf cent quarante-trois en pommes de
terre, houblon, lin et chanvre, colza, et plantes
oléagineuses, en garance et tabac, quatre-vingt-
huit mille quatre cent cinquante-deux. Les
nombreux canaux qui traversent ce pays et
les chemins de halage offrent au commerce
et à l'agriculture des avantages incontestables.

La terre étant dans de certaines contrées
plus basse que la mer, les côtes se trouvent
garanties de l'inondation par d'immenses digues. Là, le cultivateur lutte contre deux élémens : l'eau, qui vient submerger ses récoltes
si les digues viennent à se rompre, et l'air,
qui est nécessairement malsain , comme il
l'est par-tout dans des bas-fonds ; mais pourtant il s'y maintient. La population y est ac-
tive et nombreuse , et comme si les vertus

domestiques devaient naître du sein même
de la nécessité, c'est au milieu de ces terres
de houille et marécageuses que l'on trouve
une extrême propreté dans les maisons et les
ameublemens, et pour tout ce qui a rapport
à l'économie physique de l'homme, la prévoyance la plus marquée, afin de prévenir les
accidens dont son existence est menacée.

ARTICLE V.

DE LA PRUSSE.

Frédéric, livré plutôt à la guerre, aux
sciences et à la politique qu'aux arts industriels, sentit néanmoins l'utilité des biens que
procure l'agriculture. En 1767, un nommé
Ulino éleva à Phullzdorf, dans le duché de
Clèves, une colonie agricole, Frédéric lui accorda des secours en 1769 et 1770.

Depuis l'époque citée, les habitans de la
colonie de Phullzdorf, pour honorer la mémoire d'une reine trop tôt ravie à leurs hom-
mages, ont donné à cette colonie et à l'insti-

tut qui y fut fondé le nom de *Louisenbourg*.

Dans les *OEuvres posthumes* de Frédéric, on trouve une lettre du 11 octobre 1773, dans laquelle ce monarque s'explique ainsi : « J'ai été en Prusse ouvrir un canal qui joint » la Vistule, la Warta, l'Oder, la Niesse et » l'Elbe, rebâtir des villes détruites, défricher » vingt milles de marais; de plus, j'ai arrangé » la bâtisse de soixante villages dans la haute » Silésie, où il restait des terres incultes; » chaque village a vingt familles; j'ai fait faire » de grands chemins dans les montagnes pour » la facilité du commerce, et rebâtir deux » villes incendiées. »

Les soins paisibles de l'agriculture semblent faits pour occuper les derniers loisirs d'un guerrier. Frédéric aurait pu, comme Henri IV, après la guerre, s'attacher uniquement à faire fleurir ses états par des encouragemens donnés à la science agronomique, avec d'autant plus de raison que la Prusse, en général, est plutôt un pays agricole que manufacturier; mais à l'époque du règne de ce prince, beaucoup d'hommes s'occupaient déjà de répandre

des idées nouvelles en Europe, Frédéric désirait les pénétrer ; en raisonnant avec eux sur
les causes, il cherchait à en calculer les effets,
et les relations qu'il entretint avec d'Alembert,
Diderot et Voltaire, l'entraînant dans des
discussions sur la philosophie moderne, lui
ravirent des momens que, sans cela, il aurait
sans doute consacrés aux perfectionnemens
des arts utiles.

La Prusse n'a pas été la dernière à former les établissemens agricoles de nouvelle
création : dans les environs d'Erlanghen, le
docteur Liedsterkon a été le fondateur d'un
institut d'éducation domestique ; il a publié
un mémoire sur cet établissement, et il admet
pour principe fondamental cette pensée de
Schwartz, qui est aussi l'épigraphe de son
ouvrage : « Une éducation complète ne doit
» pas se borner à la culture d'une seule ou de
» plusieurs bonnes qualités de l'homme, elle
» doit tout embrasser dans un but unique. »

En 1822, au mois de mars, il fut fondé près
Berlin, par M. le comte de Freskow, une école
de campagne, sous le nom d'École rurale de

Frédéric-Felde, dont l'objet est d'élever des enfans pauvres et orphelins, et de les mettre en état de gagner leur vie.

Le fondateur de cet établissement, en adoptant les principes de M. de Fellemberg, a préféré le nom d'école de campagne à celui d'école des pauvres, pour éviter toute application humiliante, et parce que la destinée probable des enfans étant de devenir laboureurs, jardiniers, métayers et régisseurs de terres, ce nom donne l'idée du but de l'établissement. Le nombre des élèves ne monte pas au-delà de vingt; ils ont toujours la tête et le cou nus; ils sont vêtus de toile en été et de drap en hiver; leurs lits se composent d'une paillasse avec un oreiller de crin, un drap, une couverture de laine en été, et deux en hiver.

La Prusse a encore offert un exemple frappant d'encouragement donné à l'agriculture; le Gouvernement a concédé pour toujours le domaine de Mogelin, près Francfort-sur-l'Oder, à M. Thaër, célèbre par d'excellens ouvrages sur l'art agronomique, à la condition

pure et simple d'y former une ferme propre à
devenir le modèle des améliorations agricoles
les plus importantes à propager dans le pays.
M. Thaër a répondu dignement à la confiance
du Gouvernement, et son établissement de
Mogelin a singulièrement avancé les connaissances pratiques qui pouvaient manquer aux
propriétaires appliqués à l'amélioration de
leurs biens, en même temps qu'il a développé
chez les jeunes gens de famille le goût de la
culture et le sentiment de son importance.

Il existe à Berlin, comme à Londres, une
Société dite horticulturale, dans l'intention
d'échanger les graines potagères et d'améliorer la culture des herbages.

La plantation de la vigne a reçu des encouragemens dans les environs de Trèves ;
M. Hoërter, propriétaire-vigneron, a publié
sur la vigne et les moyens d'assurer ses produits un ouvrage dont les détails ne laissent
rien à désirer.

On peut encore considérer comme une
institution qui se rattache à l'agriculture
l'École forestière de Berlin. On sait que la

Prusse est de toutes les puissances de l'Europe
celle qui a le code forestier le plus complet.
Les élèves qui s'attachent à cette branche
suivent, à Berlin, un cours de droit forestier,
auquel on ajoute des cours de zoologie, d'or-
nithologie, d'analyse des différentes espèces
de terrains, de chimie et de physique relatives à l'art forestier, de botanique, d'arithmé-
tique et de géométrie, d'algèbre et de trigo-
nométrie ; enfin ceux qui se livrent à l'étude
de cette science ont huit cours à parcourir
avant d'être nommés dans les eaux et forêts.

Le rang que la Prusse a pris parmi les puissances qui s'avancent dans les perfectionnemens utiles à l'amélioration de la condition
humaine influe sur le sort des individus dans
tous les états ; il n'est pas jusqu'à ces êtres
qui semblent voués au malheur du moment
où ils reçoivent le jour, dont la bienveillance
et la vigilance n'aient amélioré le sort. Le
nombre des morts et des enfans-trouvés, qui
était, avant la fin de leur première année,
d'un quart, n'est actuellement que d'un cinquième.

La population de la Prusse, comparativement'à son étendue, est absolument dans les
mêmes proportions que celle de la France;
mais ses revenus ne vont guère au-delà de la
moitié, en établissant toujours les mêmes
calculs. Cette différence tient à plusieurs
causes : d'abord, le commerce a souffert par
les événemens militaires de différentes époques; les villes ou provinces que possède la
Prusse, enclavées dans d'autres états, éprouvent nécessairement une gêne sensible dans
leur commerce et leur agriculture par le système onéreux des douanes; enfin les plus
riches provinces de ce royaume sont trop
éloignées de la mer, et privées par conséquent
de ces moyens de communication les plus faciles et les moins dispendieux.

L'éducation en Prusse ne prend pas une
direction vers l'esprit commercial : les univer-
sités de *Breslau* et d'*Heidelberg* comptent de
nombreux professeurs d'un grand mérite dans
la philosophie et les belles-lettres, et peu dans
les sciences physiques et l'histoire naturelle;
le manque des capitaux arrête l'essor du cul-

tivateur, et retarde le développement des théories utiles, que les institutions tendent à propager.

L'économie étant la première loi d'un Gouvernement qui voit dans sa position géographique la nécessité d'entretenir un nombreux état militaire qui n'est point en proportion avec sa population, l'on ne doit pas être surpris de voir le Gouvernement concourir avec quelques riches particuliers aux moyens d'accroître la production, si nécessaire au bonheur des différentes classes de ce royaume.

ARTICLE VI.

DU ROYAUME DE WURTEMBERG.

C'est au roi lui-même que l'on doit la fondation de l'institut agricole de *Hoënheim*. On assure que cette idée lui appartient, et qu'il veut encore affecter à son exécution une partie du château de *Hoënheim*, afin de le rendre susceptible d'un plus grand

1.   7

développement. Cet établissement est en ou
tre protégé par les personnes les plus versées
dans les connaissances agronomiques, qui s'y
réunissent en assemblée à différentes époques de l'année, pour y entretenir des con-
férences intéressantes et animées sur des
questions d'agriculture.

Il y a aussi à Stutgard une société d'agriculture, protégée par le roi, qui, voulant connaître par lui-même tout ce qui peut contribuer à l'amélioration du bien public, se fait
apporter les procès-verbaux qui constatent
ses rapports et ses travaux. Elle maintient un
écrit périodique sous la désignation de *Journal de la Société d'économie rurale de Wurtemberg.*

Il existait encore sous le règne précédent
un code de lois barbares sur la chasse et qui
n'était plus en rapport avec la protection que
réclament les diverses méthodes d'agriculture,
le roi s'est empressé de l'abroger.

Le royaume de Wurtemberg est un des
pays les plus peuplés et les plus fertiles de
l'Allemagne; il est peu chargé d'impôts; la

minéralogie y est riche, et les belles forêts qui couvrent ce pays facilitent l'exploitation de ses forges.

ARTICLE VII.

DE LA BAVIÈRE.

Deux établissemens qui se rattachent, l'un directement, et l'autre indirectement à des vues agronomiques, ont été créés en Bavière.

Il existe à Nuremberg une Société fondée en 1819 pour l'amélioration des arts, du commerce et de l'agriculture; elle décerne des prix, propose des encouragemens ; elle a l'inconvénient de toutes les sociétés, celui de ne pas former de modèles.

En 1822, en vertu d'une ordonnance royale du 27 avril, le domaine de Schleisheim, appartenant à l'État, a été destiné à un institut agricole. Cet établissement est placé sous la surveillance immédiate du ministre des finances.

Madame de Rumford a formé aussi près

7.

de Munich un établissement-modèle, où les riches vont en partie de plaisir. Ils pourraient y puiser des notions sur l'agriculture, qui n'est pas encore dans un état aussi prospère qu'elle devrait l'être.

Un nombreux état militaire, les guerres successives, les passages fréquens des armées, n'ont pas laissé de retarder les développemens dont ce pays est susceptible; car la Bavière, par la variété de son sol et un climat tempéré et agréable, peut offrir la plus grande partie des productions de la France.

ARTICLE VIII.

DE L'AUTRICHE.

L'Autriche, guidée par sa politique, voit sa force dans elle-même et son repos dans l'immutabilité de ses institutions. Sa position géographique la défend contre l'action des intérêts étrangers, et ses mœurs la préservent de besoins nouveaux. Riche du travail et de l'industrie de ses habitans, cette puis-

sance a vu les révolutions parcourir le globe;
les vents de la discorde ont soufflé à ses côtés; les désordres de la guerre ont été portés
jusque dans son sein, et elle est restée ce
qu'elle était.

Le climat sain, mais froid de l'Autriche,
n'invite point à y appeler d'autres pratiques
que celles déjà existantes : là, le paysan, laborieux et constant, n'est pas tourmenté par
des désirs qui l'entraînent au-delà de sa sphère;
il ne peut vivre sous le joug de vaines passions
pour des biens qu'il ne connaît point; une
obéissance complète s'unit à l'amour qu'il
porte à son prince; la confiance des sujets
forme le bonheur et le repos du souverain,
et le Gouvernement ne connaît pas de nécessité à échanger des biens réels et fixes contre
ceux qui sont trop souvent transitoires.

Le Gouvernement autrichien n'a pas eu besoin de s'occuper de recomposer les élémens
de la société, parce que sur son territoire ils
n'ont point été déplacés, et que la nature des
idées sociales ne tend point à les y détruire :
aussi les emplois publics sont-ils des charges

permanentes dont on considère le revenu
comme un capital viager; l'on n'y voit point
de ces changemens de ministère ou de ces
systèmes qui, en se succédant, entraînent de
funestes conséquences. Quoique l'autorité du
souverain soit soumise à beaucoup de modifications, à cause de la différence de la
législation des divers états qui font partie
de cet empire, cependant l'ordre le plus par-
fait règne dans toutes les branches de l'administration; le monarque y est protecteur de
tout ce qui porte un caractère d'utilité publique, et le Gouvernement, ferme dans ses
principes, sait demeurer à l'abri de toute
influence étrangère.

Après la destruction des écoles des jésuites,
un nommé Kindelman eut l'idée de fonder
des écoles primaires de paysans, où l'on en-
seigna la lecture, le chant et la calligraphie.

Marie-Thérèse, remarquant que, depuis la
fondation utile de M. Kindelman, les crimes
en Autriche étaient devenus moins fréquens,
le combla de faveurs, et elle voulut qu'il
ajoutât à son nom celui de *Schulzsteim* (pierre

fondamentale). Cet exemple prouve que cette grande souveraine était persuadée qu'une instruction suffisante et relative est faite pour arrêter et prévenir les désordres sociaux.

Il est question, à Vienne, de la construction d'un canal qui unirait le Danube à l'Elbe, auprès de Hambourg.

Les habitans du cercle d'Autriche sont en général très-laborieux; la servitude des paysans, adoucie autant que possible par les seigneurs, est néanmoins un grand obstacle au développement des principes de l'agriculture. Le Gouvernement pense sans doute que, dans un pays composé de provinces qui ont des habitudes, un langage et des lois différentes, il vaut mieux retarder quelques perfectionnemens que de nuire à l'ordre établi.

L'Autriche, la Styrie, la Bohême, la Moravie et la Gallicie ont une agriculture peu variée; les produits en grains, en bois, en gros et menu bétail, forment les principales ressources de ces provinces. Le Tyrolien, cultivateur et guerrier, est aussi brave qu'il est hospitalier; ingénieux dans ses travaux agri-

coles, il rend fertiles jusqu'à des rochers et obtient, par son courage, sa constance et ses fatigues, d'une terre ingrate des produits au-
delà de ses besoins.

La Hongrie, riche en vins, en grains et en
pâturages, offre, outre diverses espèces de
métaux, des mines de sel très-abondantes.

L'Illyrie et la Dalmatie sont passives en
grains, et ne peuvent subsister que par le
commerce.

Quant aux provinces que l'Autriche possède en Italie, comme il s'agit plutôt ici de
détails géologiques que politiques, il en sera
parlé à l'article *Italie*.

L'Autriche, affaiblie dans ses finances par
un état de guerre prolongé, doit à la force de
son système sa situation prospère; elle a su,
en diminuant sa dette et en améliorant ses
finances, conserver un état militaire très-
imposant. Elle a éloigné avec flegme et sagesse tout ce qui s'opposait à sa politique; la
soumission du sujet autrichien est moins due
à la force qu'à son caractère docile et respectueux envers son prince, il lui obéit plus par

amour que par crainte, et l'on ne peut nier qu'en Autriche l'on rencontre, dans la généralité des individus, cette tranquillité qui établira toujours la preuve la plus irrécusable des principes sages qui dirigent le Gouvernement.

Quant au crédit public, il peut se soutenir et s'asseoir sans la condition, nécessaire dans d'autres pays, de la publicité, parce que les maximes de la monarchie sont fixes, corroborées par le temps, et que le cabinet étant composé de personnes qui ont leur intérêt dans la société et qui léguent à leurs successeurs leurs titres, leur réputation et une fortune indépendante, il n'est jamais présumable qu'elles ne cherchent point à être les conservateurs de ce qui existe. Les principes d'une sage économie, qui dirigent la Maison impériale elle-même depuis Joseph II, contribuent encore à assurer le crédit du Gouvernement.

Quoique l'argent ne soit pas abondant en Autriche, l'intérêt n'y est point exorbitant, ce qui prouve que les besoins n'excèdent pas les ressources.

ARTICLE IX.

DE LA SUÈDE ET DE LA NORWÈGE.

Quoique cette puissance septentrionale soit plus susceptible de fixer les regards sous le rapport de sa minéralogie et de ses exportations en bois, goudrons, fers et pelleteries, que sous celui de son agriculture; quoique la nature y soit pendant près de neuf mois de l'année dans un état de léthargie, cependant l'art agronomique n'y est pas sans protecteur et les perfectionnemens si nécessaires n'y sont pas sans encouragemens.

L'instruction du peuple, dans les campagnes, avait été bornée à celle qu'il recevait les dimanches dans les temples : dans la diète de 1823, tous les ordres se sont occupés de nouvelles ordonnances pour l'instruction de toutes les classes de paysans.

La Société d'agriculture de Stockholm est présidée par le roi, sa présence excite des encouragemens et produit d'heureux résultats.

Les terrains communaux, les terres vagues et les landes qui en dépendaient, ayant été partagés entre les particuliers, ont offert un accroissement de productions considérable; la population augmente dans les mêmes proportions, car, à côté d'un grain de blé croît un homme, comme l'a si bien dit un auteur moderne; et le roi, en traversant, il y a peu de temps, la province de Halland, n'a pu s'empêcher de témoigner aux habitans sa vive satisfaction à l'égard des défrichemens qui y ont eu lieu et des bons systèmes d'après lesquels ils ont été exécutés.

Par de nouvelles dispositions, l'on ne doit plus admettre de vicaires dans les campagnes, que ceux qui seront habiles à y répandre l'instruction d'après les méthodes modernes.

La patrie du célèbre Linné ne pouvait rester en arrière pour les perfectionnemens en agriculture. En enrichissant la science de la botanique de l'ordre qu'il y a apporté et des découvertes qu'il y a faites, il a prouvé que là où la nature est plus tardive dans ses développemens, c'est là que se

rencontrent souvent les hommes les plus
avides de surprendre ses secrets.

La Norwège (l'antique Scandinavie) n'est
séparée de la Suède que par une avenue qui
est à 'un demi-mille danois de Magnor et qui
coupe entièrement la forêt. Ses productions
agricoles n'offrent que de faibles ressources;
les terres n'y produisent que du scigle; les
Norwégiens s'approvisionnent pour leurs besoins de froment en Danemarck. Dans quelques
cantons, la végétation est néanmoins si rapide,
qu'on y récolte le grain semé depuis six ou
sept semaines. Un long hiver, l'aspect mélancolique que présentent de nombreux ri-
deaux de forêts, invitent les habitans à l'é-
pargne et à la prévoyance : aussi l'économie
est-elle le trait le plus distinctif du caractère
des Norwégiens, et elle ne leur empêche pas
de connaître et de pratiquer la plus généreuse hospitalité.

En été, les paysans coupent la cime des
branches de saule et de peuplier, avec laquelle ils nourrissent en hiver les animaux
domestiques : ne pouvant obtenir plus d'une

coupe de foin dans leurs prairies, ils sont obligés de devenir ingénieux pour entretenir un nombreux bétail. La nécessité contraint les Norwégiens à convertir en boisson la sève du bouleau. La pêche leur offre des ressources alimentaires et fait aussi l'objet d'un commerce lucratif. Leurs vastes forêts offrent au commerce des bois de construction; l'économie agricole lui procure du beurre et du bétail de toute espèce. La minéralogie consiste en argent, cuivre et fer; ce dernier métal est si abondant que, d'après l'assertion du docteur Clarke, les maisons à Philippstadt sont couvertes de masses de fer; le même naturaliste rapporte encore qu'à Christiana l'on trouve un bloc d'argent naturel qui pèse six cents livres; c'est un des plus grands échantillons connus.

Quoique la population des deux royaumes ne s'élève qu'à trois millions quatre cent trente mille ames, cependant l'armée de terre est encore de cent mille hommes : le Gouvernement cherche à les utiliser; car c'est avec les bras des militaires que l'on vient d'ouvrir en Suède un canal qui a treize lieues de longueur.

Plusieurs Sociétés en France ont proposé cette question à résoudre : *Quels seraient les moyens d'employer les loisirs du soldat en temps de paix ?* Il semble que si l'on choisissait un nombre déterminé de travailleurs par régiment, parmi ceux que leurs goûts pourraient appeler au travail de cette nature, cela n'offenserait pas le caractère militaire et ne préjudicierait point à l'État; car il arrive souvent en campagne que le soldat est obligé de se livrer à cette même occupation, soit pour vaincre des obstacles, soit pour préparer des moyens de défense.

Tous les voyageurs en Suède s'accordent sur cette observation, que c'est le pays où l'on est le moins importuné par les mendians, et beaucoup en attribuent la cause à l'excellente organisation des établissemens publics destinés à procurer du travail aux pauvres et des secours aux vieillards et aux infirmes.

ARTICLE X.

DU DANEMARCK.

Un publiciste danois, M. J.-D. Lawiz, d'Altona, s'occupa en 1821 de publier des vues
très-philantropiques sur un établissement de
colonies des pauvres, dans lesquelles il pro-
posait de commencer par fonder des établissemens de vingt familles.

Le Gouvernement, depuis l'époque citée,
a fait établir dans le duché de Holstein une
institution qui porte le nom de *Frédérick's-
Gabe*, où douze familles de pauvres, com-
prenant soixante et un individus, ont été ins-
tallées, en 1822 et 1823, dans les habitations
construites pour elles. Le roi, dans une vi-
site qu'il a faite à cet établissement, l'a gra-
tifié d'une somme assez considérable.

J'emprunterai d'un ouvrage périodique(1),
le rapport fait sur l'institut agricole et la co-

_____

(1) *Revue encyclopédique*, t. XXIV.

lonie des pauvres de M. Voght, fondé entre
Hambourg et Altona.

« Ce respectable septuagénaire entretient
» aujourd'hui cinquante familles, toutes em-
» ployées aux travaux de l'agriculture; il
» consomme sa fortune, son temps et sa pro-
» digieuse activité à faire des expériences
» agronomiques et à perfectionner les mé-
» thodes et les instrumens de culture. Sa ferme
» est semblable à une manufacture, par le
» soin qu'il a pris d'y introduire et d'y appli-
» quer, avec autant d'intelligence que de
» succès, le principe si fécond de la division
» du travail. Chacun remplissant une tâche
» convenue et accoutumée s'en acquitte
» mieux et avec plus d'économie de temps
» et d'argent que s'il devait faire successive-
» ment plusieurs choses différentes, qu'il fe-
» rait nécessairement moins vite et moins
» bien. M. Voght travaille lui-même douze
» heures par jour. »

Des sites enchanteurs, des parcs superbes,
dont les étrangers n'obtiennent l'entrée qu'au
moyen d'une légère rétribution pour les pau-

vres ; des landes défrichées et un sol ingrat
qui sont devenus féconds par une habile
culture ; par - tout des visages rians, des
hommes actifs et heureux, des enfans élevés
avec une bienveillance paternelle, des vieillards secourus et honorés, des malades envi-
ronnés de soins protecteurs et un homme de
bien qui dirige et anime l'heureuse colonie
qu'il a fondée : tel est le spectacle que présente ce petit coin de terre, où l'oisiveté et
les vices qu'elle engendre sont inconnus.
M. Voght rédige, chaque jour, un mémorial
de ses expériences agricoles et de ses travaux ; il a long-temps voyagé dans le but de
chercher les moyens de détruire cette maladie
du corps social appelée *le paupérisme*, ou
les deux fléaux de la pauvreté et de la mendicité.

Les habitans de Marseille, où sur une population de cent vingt mille individus on a
long-temps compté plus de seize mille indigens par suite de défaut de travail, n'ont
point oublié le passage de M. Voght par leur
ville, ni les sages et utiles conseils que pui-

I. 8

sèrent dans ses entretiens les administrateurs des secours publics.

Des mesures adoptées en exécution d'une ordonnance royale enjoignent à chaque pastorat de contribuer à tout ce qui peut servir à l'éducation des paysans : l'on a jugé à propos d'employer les tableaux et de se servir de la méthode lancastrienne.

Les productions du royaume de Danemarck sont en grains, légumes secs, tabac et lin. Les duchés de Holstein et d'Oldenbourg fournissent beaucoup de bétail, et sur-tout de très-beaux chevaux, dont l'importation en Allemagne, en Russie, en Suède et en Italie se monte à la somme de trois millions par an.

Outre les produits territoriaux, le Gouvernement danois perçoit encore, au détroit du Sund, des droits considérables : les Gouvernemens russe et danois ont fait, le 19 novembre 1782, un traité de commerce qui offre aux sujets des deux puissances des avantages et des priviléges réciproques.

Le Danemarck est un des pays de l'Europe où l'on compte le moins de pauvres.

Ce royaume n'est pas sans navigation intérieure. Dès 1782, Christian VII a fait construire un canal qui arrose les villes de Kiel,
Frédérich-Stadt, Tonningen et Tembourg;
il a six écluses et peut porter des bâtimens
de cent cinquante tonneaux.

ARTICLE XI.

DE LA RUSSIE.

La Russie, presque ignorée avant le *czar
Pierre-le-Grand*, renfermait la plus grande
partie de son industrie dans les bornes d'un
commerce intérieur, et elle était d'autant plus
limitée, que les peuples qui composaient son
immense territoire étaient plus éloignés de
la civilisation, et par conséquent se créaient
moins de besoins.

Le labourage des terres, l'entretien du bétail, la chasse et la pêche formaient les principales occupations des descendans des *Slaves*,
des *Scythes*, des *Parthes* et des *Huns*; Moscou, son antique capitale, au centre de l'em-

8.

pire, éloigné des mers qui ouvrent les points de communication avec les autres États, se procurait par des caravanes les produits de l'*Inde* et de la *Chine*.

Au commencement du dix-huitième siècle, l'empereur Pierre-le-Grand sembla ne paraître que pour donner au plus grand empire du monde l'avancement vers lequel il n'a cessé de marcher depuis. Il s'occupa de communications entre Pétersbourg, la mer Noire et la mer d'Azof, et dès-lors la Russie prit son rang parmi les premières puissances européennes.

Les peuples dans leur enfance sont pasteurs, chasseurs, nomades et agricoles. En s'avançant vers la civilisation, les premières lumières qu'ils reçoivent leur apprennent à estimer l'art qui les nourrit : aussi, Catherine, après Pierre-le-Grand, ne se contenta pas de sortir les lois russes du chaos où elles étaient, mais encore elle voulut jeter les fondemens d'une éducation nationale, et créa, à Saint-Pétersbourg, un collége d'agriculture, auquel elle attacha six professeurs, un bureau par-

ticulier et une ferme pour faire des expériences ; un septième professeur fut destiné
à voyager avec un nombre déterminé d'élèves.

L'instruction en agriculture paraît être un
des besoins des premières classes de la société
en Russie , comme si ces peuples voulaient ,
par une application complète aux théories les
plus utiles, se venger d'être restés long-temps
stationnaires. Les instituts suisses ont été particulièrement fréquentés par eux , ils ont
suivi leur méthode d'éducation avec prédi-
lection ; plusieurs des premières familles ont
envoyé , comme je l'ai dit à l'article *Suisse* ,
leurs enfans dans les instituts d'*Hofwyl* , et
M. *de Fellemberg* a reçu des faveurs marquées
de S. M. l'empereur des Russies.

C'est encore à Catherine II qu'on doit la
fondation d'un collége de botanique , qui
possède un vaste jardin et douze professeurs,
qui voyagent , et celle d'un collége d'archi-
tecture rurale , dans lequel des élèves puisent
les règles de la construction des fermes et
en général de tous les édifices qui se rapportent à l'agriculture.

La Société d'économie rurale de Moscou a fondé une école d'agriculture sur les bases de celle d'Hofwyl en Suisse, et de Frédérich-feld près Berlin.

Le comte Nicolas Romanzow a établi une école d'éducation agricole dans sa terre de Kommel.

Le comte Victor Katchoubey, ministre de l'intérieur, a fondé plusieurs écoles de paysans dans ses terres de la petite Russie.

Beaucoup d'ouvrages périodiques ont annoncé, depuis quatre ans, la fondation d'un grand nombre d'écoles de toute nature d'après la méthode lancastrienne pour l'instruction des différentes classes, entre autres pour les artistes et les paysans, parmi lesquelles plusieurs sont sous la protection spéciale de l'impératrice mère. Il serait trop long d'entreprendre d'énumérer ces divers établissemens, et ce serait d'ailleurs sortir du sujet que je dois traiter.

La qualité et la quantité de productions ne peuvent manquer de varier beaucoup dans un pays qui s'étend sur une longueur de trois

mille sept cents lieues et sur une largeur
moyenne de plus de six cents. Au-delà du
soixantième degré de latitude, vers le pôle,
le blé ne mûrit pas ; les habitans n'y vivent
que de la chasse et de la pêche. La partie qui
comprend le territoire nord-ouest de la Fin-
lande est couverte en grande partie de lacs
et de rochers ; on y récolte néanmoins un peu
d'orge, de seigle, d'avoine et de blé. Les régions situées au sud de Pétersbourg, sans être
les plus fertiles de la Russie, sont les mieux
cultivées, à cause des besoins de la capitale.
Les plaines situées au sud-ouest, arrosées
par le *Dnieper* et le *Don*, présentent un climat plus fertile et plus tempéré. Celles au
sud-est, qui sont en Asie, arrosées par le
Volga, sont peu fertiles, parce que le sol y
est d'une qualité saline. Enfin la région qui
est située à l'est, et qui renferme en grande
partie les monts Ourals, est couverte de bois
qui sont parsemés de vallées cultivables.

La fertilité des côtes de la mer Noire est
si grande, que les produits en agriculture y
surpassent de beaucoup les besoins de la

consommation. Je pense que c'est ici le
cas de m'appuyer des lumières de M. Barthe-
Labastide, député, en citant ce qu'il a
dit, à la tribune, dans la séance du 24 avril
1820.

« Il est démontré que l'état agronomique
» de la Russie méridionale a pris un tout
» autre aspect depuis l'établissement des
» Russes sur les bords de la mer Noire ; les
» prérogatives incalculables de ces territoires
» étaient inconnues alors que les Turcs y do-
» minaient, et lorsqu'ils étaient sous l'admi-
» nistration des Tartares, ils ne présentaient
» que des terres incultes ; mais guidées au-
» jourd'hui par un Gouvernement fort, pré-
» voyant et paternel, ces provinces se sont
» élevées en peu d'années au rang des pays
» les plus civilisés de l'Europe, et elles ont
» réacquis leur splendeur primitive. Sur ces
» rives se trouvait le beau pays de Colchide,
» où les anciens, qui représentaient toujours
» la vérité sous des formes allégoriques,
» avaient placé le jardin des Hespérides et la
» toison d'or, pour exprimer, il n'y a pas de

» doute, le symbole ,de la fertilité de ces
» contrées.

» Là, messieurs, l'agriculteur est en quel-
» que sorte forcé d'être avare d'engrais et
» de ralentir ses travaux ; il sillonne légè-
» rement la terre au printemps, et quand il ·
» est temps de faire les semailles, il laboure
» légèrement encore, et cela lui suffit pour
» obtenir vingt-cinq à trente fois la semence
» qu'il a répandue ; s'il en faisait plus, il
» surpasserait le laboureur dont parle Vir-
» gile dans le *luxuries segetum :* tandis que
» sur la superficie totale de la France, après
» des travaux dispendieux et répétés, et
» après avoir répandu une copieuse quantité
» de fumier, l'on ne peut espérer d'avoir
» plus de cinq ou six fois la semence. Les
» habitans des rives de la mer Noire peu-
» vent donc avec avantage vendre leur fro-
» ment pour le cinquième ou le sixième
» du prix qu'en doit exiger le cultivateur
» français........ »

L'Ukraine, les provinces baignées par la
Baltique, et celles baignées par la mer Noire,

sont en général les plus fertiles en grains ;
mais il manquait à ce vaste empire des produits en vins, dont les classes élevées font
beaucoup d'usage : maintenant le Gouvernement russe a appelé des vignerons sur la rive
gauche du *Pruth* , où l'on commence à cultiver la vigne avec beaucoup de succès. Un
Français s'est attaché à élever près de *Black-
lava* des plants d'Espagne et du Languedoc.
Dans les environs d'Astrakan, un Autrichien
a introduit du plant de Tokai, qui y paraît dégénéré. Le sénateur *Bockolw* réussit à établir
un vignoble assez considérable sur ce même
territoire.

L'acquisition de la Géorgie, et sur-tout de
la Mingrelie (l'ancienne Colchide), permet à
la Russie de créer des vignobles qui tendent
à égaler ceux de France et de Hongrie.

Les canaux que l'on ouvre de toutes parts
en Russie, en multipliant et en facilitant les
moyens de communication, ne peuvent manquer de contribuer beaucoup à la prospérité
de l'agriculture. Le Gouvernement a entrepris
aussi de rendre navigables plusieurs rivières.

Si l'esclavage des serfs existe encore tant en
Pologne qu'en Russie, l'on doit dire que l'empereur actuel l'a beaucoup modifié; il a fait
punir avec la plus grande sévérité ceux qui
avaient abusé de leurs droits sur les paysans.
Sans doute la philosophie et la religion gé-
missent de voir l'homme refuser ce qu'il doit
à l'homme; mais la liberté qui marcherait
sans les lumières exposerait la société à des
maux effroyables. La Russie, malgré les pas
gigantesques qu'elle a faits vers la civilisation,
renferme dans ses contrées septentrionales
des populations qui sont encore dans l'état
de la barbarie. Le Gouvernement a beaucoup
à faire, et il y a lieu de croire qu'il finira par
alléger le sort de ceux qui sont attachés à
la glèbe.

La population de la Russie étant de cin-
quante-trois millions d'habitans, y compris
la Russie d'Asie et la Pologne, s'augmente
environ de six cent mille ames, tous les ans,
seulement par les naissances, qui surpassent
les décès. C'est de toutes les contrées de
l'Europe celle où l'on trouve proportionnel-

lement les plus nombreux exemples de longévité.

L'esclavage des paysans est un obstacle au
développement des arts et des manufactures.
M. *Storch*, publiciste russe, dit que tous ceux
qui ont voulu faire travailler des esclaves aux
manufactures n'ont pas réussi et qu'ils ont
obtenu des succès dès qu'ils ont affranchi
leurs travailleurs. En Russie et en Pologne,
il n'y a que deux classes, les nobles et les
paysans : c'est pourquoi presque tout le commerce est entre les mains des étrangers;
néanmoins Pierre-le-Grand ayant fait un *ukase*
d'après lequel il accordait la liberté à celui
qui pouvait prouver qu'il possédait cinq
cents roubles, en payant toutefois les taxes
et les droits impériaux, a donné un premier mouvement à l'industrie de son vaste
empire.

En échange des bois, des fers, des cuirs,
du savon, de la potasse, de la pelleterie, du
chanvre et des grains des bords de la mer
Noire que la Russie offre à l'Europe, elle reçoit des vins et eaux-de-vie, des soieries, des

meubles et objets de luxe, des draps et des laines, sur-tout de celles d'Espagne, qui lui sont nécessaires, parce que ses laines indigènes sont si courtes et si inférieures, qu'il est impossible d'en obtenir des tissus.

Un écrivain hollandais calcule que la population de la Russie, considérée proportionnellement, ne se monte encore qu'à la sixième partie de celle de la France (1); par conséquent elle arriverait donc à trois cent dix-huit millions si jamais elle venait à être aussi peuplée que la France.

La politique la mieux entendue devrait maintenir entre la Russie et la France la plus parfaite harmonie; car ces deux puissances sont dans des positions géographiques qui les mettent dans le cas de s'entr'aider sans se nuire. Pierre-le-Grand ne voyait pas de nation en Europe dont les relations dussent être plus utiles à son empire que celles de

(1) *Tableau de la statistique des Pays-Bas;* par M. J.-J. Cloct.

la France : les troubles de la Pologne, depuis,
ont altéré quelque temps l'harmonie réciproque ; mais les liens les plus durables entre
les puissances étant ceux qui naissent de
leurs besoins et de leurs ressources, les Russes
devraient éviter les intermédiaires dispendieux et longs par le moyen desquels ils s'approvisionnent souvent des produits de notre
industrie et de notre territoire.

ARTICLE XII.

DU DUCHÉ DE HESSE-DARMSTADT.

C'est parce que le territoire de cette souveraineté est montagneux et peu fertile, que
ses habitans se montrent plus jaloux de se
procurer par l'art les avantages que leur a re-
fusés la nature.

Il y a dix ans qu'un propriétaire des environs de Darmstadt a fondé une école dans
laquelle il réunit aux théories - pratiques
de l'agriculture celles d'autres arts qui s'y
rattachent, tels que celui de la distillerie

de différentes espèces d'alcools et de la fabrication de la bière et du vinaigre. Ses élèves ne sont point formés au travail manuel,
mais à l'application de toutes les connaissances nécessaires dans une savante exploitation rurale : aussi le prix de leur pension est-
il de mille francs par an.

Afin de donner plus de développement à
l'institut de Darmstadt, son fondateur a fait
choix de trois domaines ruraux, qui, quoique
à peu de distance les uns des autres, offrent
cependant une grande variété, tant sous le rapport de la situation et du climat que sous celui
de la composition et de la variété de la terre.
On comprendra que cette condition est facile à trouver dans un pays coupé par des
montagnes, des collines et des vallées. Il serait à désirer que tous les instituts agricoles
fussent, ainsi que celui-ci, dans des situations qui pussent offrir les différentes variétés
de terre et de culture que présente l'institut
de Darmstadt. Dans cet établissement, on s'attache encore à n'employer que les instrumens reconnus les meilleurs.

ARTICLE XIII.

DE L'ESPAGNE.

Il y a des hommes guidés par des préventions, qui ne voient l'Espagne que comme un corps physique, et aux yeux desquels cette puissance n'offre par-tout que l'aspect de la faiblesse. En parcourant les divers royaumes de la Péninsule, ils trouvent un océan de plaines stériles ; ils rencontrent des villages où une population flétrie par l'indigence semble se débattre contre les causes qui retardent son bien-être, et ils en concluent que l'espoir de voir renaître la splendeur et la prospérité de l'Espagne est évanoui pour notre génération.

Il y a peu d'années pourtant que cette même Espagne, seule, sans argent, sans crédit, en un mot, presque sans forces physiques, a résisté aux moyens combinés de celui qui voulait opprimer la terre ; dignes successeurs des Celtibères, des Asturiens et des Cantabres, ses guérillas résistèrent long-temps aux savantes manœuvres de celui qui voulait leur donner un maître.

La puissance de l'opinion chez un peuple où les institutions ont jeté les plus profondes racines, où elles dirigent les mœurs, où elles ont fondé les habitudes, est immense. Les corps moraux ne se régénèrent pas par les mêmes lois qui gouvernent les corps physiques : si l'action qu'ils donnent cesse d'être dirigée vers la gloire du trône et les intérêts généraux, il ne reste plus, pour les combattre, que l'exposition des faits; ce qui est préférable à une censure amère et qui ne fait qu'irriter.

C'est parce que la force de l'opinion précédait un prince chéri, que les mêmes mains qui avaient élevé des forts dans la guerre précédente ont jeté des fleurs sur son passage dans cette dernière; c'est parce que lui-même a reconnu la présence d'une puissance morale chez un peuple attaché à ses institutions autant qu'à son existence politique, qu'après avoir comprimé l'audace des rebelles, et relevé le trône de Ferdinand, il

voulut laisser aux lois leur action, à la politique son indépendance, et aux nationaux le
choix des moyens qui pouvaient assurer le
repos de la société, recomposer ses élémens
et donner un nouveau développement à sa
prospérité.

Une époque à jamais mémorable dans les
deux monarchies de France et d'Espagne
semblait devoir être celle où les sources de
la richesse publique allaient se r'ouvrir et devenir de nouveau fécondes; ce fut celle du
31 août 1823 (journée du Trocadéro), où
un prince magnanime et généreux, guidé
par le Dieu de saint Louis et le génie de
Henri, montra à l'Europe étonnée l'Espagne
délivrée. Mais des intérêts qui tendaient à
s'isoler de ceux de la monarchie, des haines
irréconciliables, des prérogatives rivales, offrirent le spectacle de luttes qui produisent
toujours un affaiblissement nuisible au bien
général et à la gloire du trône.

Lorsqu'on jette un coup-d'œil sur les causes
qui, dans l'ère moderne, ont créé la prospérité des empires, l'on reconnaît qu'elles

appartiennent à des vues exemptes des préjugés qui ont arrêté, dans les siècles passés, les effets de la production. Les Corps hospitaliers purent bien, dans le temps où l'Espagne était secourue par les ressources immenses du Nouveau-Monde, répandre assez d'aumônes pour suffire aux besoins d'une population décroissante; mais à l'époque actuelle, elles deviennent insuffisantes, et il serait plus avantageux d'appeler les hommes au bonheur et à la vertu par le travail, et de satisfaire à leurs besoins par les moyens qui tournent au profit de l'État et des particuliers.

S. M. Ferdinand VII, par son ordonnance du 10 janvier 1824, qui établit une junte pour la protection de tous les arts et du commerce, et par celle du 6 septembre de la même année, portant création d'un Conservatoire des machines et instrumens propres aux arts et aux métiers, a prouvé le désir de subvenir aux besoins de la société et d'accroître son aisance; mais des principes en politique, d'autant plus déplorables qu'ils sont souvent suivis de bonne foi, et que ceux qui les professent y tiennent par l'ascendant de leur éducation et de leurs propres intérêts, ont arrêté jusqu'ici les effets de la volonté royale.

L'industrie étant comme ces plantes qui ne fleurissent qu'à l'abri des vents impétueux, les dissentions civiles ont toujours comprimé son essor; les règles de l'économie ne peuvent féconder les ressources de l'État, si elles ne sont précédées par les moyens qui doivent les fonder. La conséquence ne doit marcher qu'après le principe, et quand la paix est devenue le gage de la sûreté politique et de l'honneur, il ne peut y avoir qu'un aveuglement déplorable qui refuse les concessions qu'elle réclame.

La guerre que divers États ont soutenue contre les étrangers n'a souvent fait qu'ajouter un nouveau développement aux arts de toute nature : comme ces crises qui arrivent dans l'économie physique de l'homme et qui augmentent sa force et sa vitalité, elle a presque toujours servi à leur donner une nouvelle énergie. Mais la guerre intestine flétrit tout; elle dé_

truit l'œuvre du passé et l'espérance des biens
de l'avenir; elle apporte un fléau que les générations se transmettent comme un triste
héritage, parce que les promoteurs des maux
qu'elle entraîne se perpétuent dans leurs successeurs, sur le théâtre même où reposent
les mânes de leurs victimes.

Après cette succession de malheurs politiques qui ne peuvent manquer d'avoir of-
fensé beaucoup d'intérêts, la recomposition
des élémens du corps social ne peut avoir lieu
sans la concentration des pouvoirs dans l'autorité royale, mitigée par la force des lois et
des institutions créées par sa volonté libre,
sans l'abandon des prétentions incompatibles
avec l'état actuel des choses. Si les intérêts
rivaux tendent tous à une prédominance; si
personne ne voit la raison de faire des concessions, l'État n'est plus qu'une oligarchie anar-
chique où chacun, travaillant à la destruction
d'un pouvoir, finit par se détruire lui-même.

Pourquoi l'Espagne demeurerait-elle étrangère à l'impulsion qui porte la plus grande
partie des nations de l'Europe à marcher vers

une prospérité croissante, à augmenter leur population et à accroître leur force intérieure et extérieure, quand son propre territoire lui fournit abondamment les meilleurs produits que la nature puisse leur offrir? Pourquoi serait-elle étrangère aux beaux arts? N'a-t-elle pas sous les yeux les souvenirs des Velasquez, des Moralès, des Murillo? Ce serait une injuste prévention de croire que l'é-·· tincelle de leur génie soit éteinte pour ce siècle, sur-tout lorsqu'on trouve dans la famille royale elle-même de nouveaux Mécènes qui, non contens de protéger les arts, leur donnent encore le modèle d'un goût perfectionné (1).

En indiquant les causes morales et physiques du peu de progrès de l'agriculture et de l'industrie dans les royaumes d'Espagne,

---

(1) L'infant dom Francisco a exposé à l'École de peinture, qui est au Cabinet d'histoire naturelle, des produits de ses pinceaux, qui sont d'une touche très-forte et très-perfectionnée, et S. M. la reine d'Espagne y a exposé des dessins qui unissent le goût à la délicatesse.

si préjudiciables aux intérêts de la monarchie et au bonheur de la population , je voudrais pouvoir en même temps offrir les véritables moyens de les faire cesser; mais quel est l'homme qui se croit assez fort pour pouvoir, dans les crises politiques qui tiennent à des causes plus morales que physiques , tracer la véritable route qui peut conduire à réacquérir les biens qui se sont évanouis?

Il est néanmoins des vérités qui sont tellement incontestables et tellement utiles , qu'elles ne peuvent donner à celui qui les présente un caractère d'une partialité passionnée.

Les capitaux manquent , le crédit manque , le travail manque , répète le vulgaire : les capitaux ne manquent point en Espagne; mais ils n'y sont point répartis : souvent ils sont transformés en des objets improductifs , ou bien ils sont cachés ou enfouis , et comme les richesses n'ont d'avantage qu'en raison de leur utilité, et non en raison de la valeur qu'on leur connaît , le résultat est aussi funeste que si les capitaux manquaient véritablement. Le crédit ne manque pas , mais la

base sur laquelle il peut se fonder n'existe
point encore; des institutions sans stabilité,
des pouvoirs sans contrôle, une politique encore trop incertaine, n'ont pu que contribuer
à le rendre chancelant : mais que les hautes
influences forment entre elles union pour le
bien de l'État, bientôt le crédit renaîtra, et les
actions sur l'Espagne, qui se font avec une
perte de près de moitié, arriveront au pair.
La crainte seule de payer des frais de main-
d'œuvre pour un travail que les dissentions
civiles peuvent rendre inutile empêche celui qui a besoin de main-d'œuvre de s'aider
des fatigues du journalier, parce que l'espoir
de récolter quand on a semé ne peut exister
quand il n'y a ni ordre ni fixité. Ce n'est
donc pas le travail qui manque, mais la
cause qui peut lui donner lieu. Qu'un cabinet
dirigeant unisse sa cause avec celle du producteur, qu'il accorde liberté et protection
à ceux qui travaillent à multiplier les capitaux
de la société, et l'on verra bientôt non-seulement le travail renaître, mais encore la population marcher vers une ligne croissante.

Beaucoup de propriétaires en Espagne, parmi lesquels sont de gros prébendistes, se plaignent de voir diminuer le prix de leurs fermes ; mais si, par des distributions mal-entendues, ils favorisent l'inertie ; s'il n'y a pas de travail, comment le prix du blé pourrait-il se soutenir ? L'ouvrier ne peut payer qu'avec le prix de son travail le grain et le produit des manufactures ; le manufacturier ne peut payer le grain qu'avec la consommation de celui qui travaille : il résulte donc de là que la prospérité du pauvre, comme celle du riche, ne peut avoir lieu que là où le travail vaut.

Ce qui forme la richesse des particuliers fait aussi celle du Roi ; car il ne peut prélever d'impôts que sur leur travail et leur indus-trie, et, comme l'a fort bien dit le patriarche de l'agriculture française, Olivier de Serres, au bon Roi Henri : *Sire, le roi conste quand le champ est labouré.*

Une contrée baignée par deux mers, dont la nature semble avoir marqué les limites et les moyens de défense, qui renferme, outre les richesses qu'offre une terre très-végétale,

encore celles de la minéralogie, peut-elle rester
long-temps dans l'ignorance des vraies causes
qui retardent sa force et son indépendance ?
Non : malgré les tristes pronostics que l'on
fait souvent sur la péninsule, les illusions qui
lui sont aujourd'hui si funestes doivent enfin
tomber; il ne faut, pour cela, que voir plusieurs
hommes puissans cesser d'opposer leur caractère personnel aux intérêts des masses, qui
sont nécessairement liés avec ceux du trône.

On a attribué à la paresse les retards dans la
l'agriculture de la péninsule, on doit les attri-
buer plutôt à l'indigence : lorsque le travail
manque, les salaires manquent aussi, et la misère reflue dans toutes les classes; sans la confiance, les lumières et les capitaux, l'agriculture
n'avance pas ; le cultivateur est réduit à faire
avec ses bras des travaux qui abonderaient
beaucoup plus s'il employait le mécanisme des
instrumens qui, avec l'aide des animaux domestiques, centuplent les forces de l'homme.

Dans un pays pauvre et sans industrie, les
ustensiles d'une utilité commune et d'un prix
peu élevé excèdent souvent les facultés d'une

grande partie du peuple. Qui n'est pas surpris de voir un pays riche en minéraux de
toute nature et qui produit le meilleur fer
de l'Europe manquer d'ustensiles pour l'u-
sage le plus commun dans la vie domestique?
En effet, non-seulement la plupart des paysans, mais encore le peuple des villes, ne se
servent que de couverts de bois ; leurs autres
ustensiles sont fort rares. Il résulte de là que
le riche paie plus cher ce dont il a besoin;
car il y a ordinairement monopole quand la
vente n'est pas encouragée.

Le ministère de Charles IV favorisa de préférence la production des choses chères, il
fit fabriquer à Séville des étoffes dont rien
n'égalait la magnificence, pour en décorer une
chaumière. Ce faste exagéré présenta bientôt
le triste contraste du luxe et de la nudité.

Les préventions contre les étrangers, toujours funestes à un pays qui, par ses mœurs,
ses habitudes et sa position géographique, ne
peut se défendre d'un point de contact avec
eux, ont pris leur source dans les causes les
plus anciennes. César, ce citoyen si prodigue

et si licencieux dans sa jeunesse , avait une
dette de deux cent cinquante millions de
sesterces lorsqu'il partit de Rome pour aller
occuper le gouvernement de l'Espagne ul-
térieure ; César avait comprimé les provinces espagnoles. Avant lui , les Carthaginois `
et les Phéniciens avaient traité l'Espagne
comme une colonie ; enfin , par une fatalité
singulière, l'Espagne ancienne était le Mexique et le Pérou de l'Ancien Monde. Lors de
l'invasion des barbares , elle fut exposée à
toutes sortes d'exactions; elle fut soumise à des
maîtres qui avaient d'autres lois et une autre
religion ; les temps ont changé et les préventions se sont transmises d'âge en âge. Telles
qui furent justifiées autrefois deviendraient
aujourd'hui une cause d'anéantissement : l'on
ne peut combattre les lumières qu'avec les lumières ; l'étranger qui transporte avec lui des
capitaux ou des arts est une acquisition
avantageuse pour une nation , et n'apportât-il
que des ressources immatérielles, comme les
sciences, sa présence est toujours un bien ; car,
indépendamment du génie qui met à profit

les ressources naturelles du pays, elle sert encore à entretenir une rivalité nécessaire pour
exciter les indigènes à cultiver des biens dont
ils ne tiraient aucun avantage.

Des préjugés destructeurs et l'amour-propre des Espagnols ont prévalu long-temps dans
les conseils sur la raison d'état ; aujourd'hui les
idées que la guerre dernière a fait naître commencent à effacer d'anciennes préventions ;
les Français, loin de chercher des trésors,
en ont au contraire apporté ; loin de détruire, ils ont par-tout conservé ; loin d'exal-
ter les esprits, ils ont plutôt cherché à les
réconcilier, et leur généreux chef, au lieu de
l'exigence du vainqueur, n'a montré que le
plus noble désintéressement ; exemple rare
dans les fastes modernes !

Au milieu des camps, la propriété particulière fut placée sous la sauvegarde de
l'honneur, qui conduisait des légions avides
de signaler leur esprit de discipline et leur
dévouement pour leur prince. Une armée entière qui va des bords de la Bidassoa jusqu'à
Cadix sans qu'un soldat se soit permis de

cueillir seulement un fruit, voilà, répétait-on à Madrid, un fait bien digne d'être remarqué.

Le peuple espagnol n'est pas étranger à l'économie, souvent même il en a trop : l'économie n'est pas la privation; ce qui manque à son bonheur, c'est l'impulsion qui peut le rendre producteur; il n'en a pas la volonté, parce qu'il n'en a pas l'habitude, et que, dans les sociétés peu avancées, la volonté ne naît le plus souvent qu'après l'habitude.

Ceux qui ont examiné les effets de l'hygiène sur les hommes ont reconnu que l'excès de la privation et l'intempérance produisaient souvent les mêmes résultats : l'hygiène influe sur le caractère des hommes, sur leur énergie, sur leur bonheur et sur leur législation; l'on remarque que, depuis quarante ans, il s'est introduit en Espagne un changement dans les habitudes (1).

Dans les classes intermédiaires et même

(1) La plus grande partie des femmes, à l'époque indiquée, ne buvaient pas de vin.

dans les classes élevées, beaucoup de femmes ne savaient, à l'époque que je viens de citer, ni lire ni écrire; le peuple était tout-à-fait il·lettré : aujourd'hui, l'état des choses n'est plus le même; la présence des étrangers a fait naître des besoins nouveaux, elle a démontré l'avantage de biens que le peuple ne connaissait pas, et, pour parvenir à les satisfaire, celui des villes se procura, avec l'art de lire et d'écrire, quelques autres élémens d'instruction.

La conséquence nécessaire qui dérive de cet exposé est l'insuffisance des institutions créées pour des époques différentes; une inquiétude générale annonce la présence d'un mal qu'il faudrait guérir par des modifications sages, sans offrir d'holocauste aux passions privées.

L'Espagnol, chevaleresque lorsqu'il est heureux et dans le sentier de la vertu, est furieux quand il en sort; le climat et son éducation morale et physique contribuent à son enthousiasme et à son exaltation; il est difficile qu'il sache mesurer les limites que la raison doit poser dans le vaste champ de l'indépendance. Des intérêts privés qui ont prévalu dans un Gouvernement nouveau ont contribué au peu de durée de son existence; mais parce qu'il s'est élevé sur les ailes icariennes et a fait des fautes qui ont précipité sa chute, il ne s'ensuit pas que l'Espagne ne puisse être heureuse qu'en maintenant sa politique dans un cercle vague et indéterminé, qui n'offre aucune garantie et n'encourage aucune espèce d'industrie.

Les corporations régulières ne seraient point un obstacle aux progrès de l'agriculture en Espagne, si les hommes qui les composent savaient s'élever au-dessus des craintes qui les rendent opposés aux systèmes de perfectionnement, comme si la prospérité des champs devait faire naître des révolutions. Il ne peut exister de méprise plus funeste aux intérêts généraux que celle-là. Le peuple industrieux fuit l'étendard de la révolte; il craint de compromettre le fruit de ses fatigues, et il s'attache à l'ordre qui le lui garantit.

En cherchant à indiquer quelles furent

les causes des entraves qu'éprouva l'industrie agricole et manufacturière, la rigoureuse
justice impose l'obligation de placer dans
leur nombre les résultats de l'invasion, qui,
dans la guerre de l'indépendance, ont porté
la destruction dans beaucoup d'établissemens
agricoles ; les traces s'en retrouvent encore
au milieu des ruines qu'un Français ne peut
contempler sans se livrer à des réflexions
tristes, mais adoucies par le contraste frappant de deux époques, qui, bien qu'elles
soient rapprochées dans l'ordre historique,
semblent néanmoins séparées par des siècles,
tant fut grande la différence du caractère des
deux chefs qui conduisirent ces entreprises !

Quoique les lois de la physique végétale
ne soient pas plus inconnues en Espagne que
dans les autres parties de l'Europe, il y
existe encore de ces barbarismes en agriculture qui entraînent des dépenses stériles, la
perte de la main-d'œuvre, du temps et souvent même d'une jouissance : par exemple,
à Madrid, à Aranjuez, à Sarragosse et dans
bien d'autres villes, l'on arrose les pieds

des ormeaux qui font les ornemens des pro-
menades ; cette méthode est la mère des erreurs, l'eau n'est pas nécessaire à l'entretien
des grands végétaux : on voit sur des coteaux
arides des ormeaux plus majestueux que
ceux qu'on gouverne avec des soins frivoles;
les racines pivotantes de ces arbres parcourent une étendue large et profonde; l'eau
qu'on leur prodigue ne sert qu'à baigner le
collet de la racine, l'eau se retire, la racine
humectée se dessèche, et c'est cette cause
qui en fait périr beaucoup et qui exige qu'ils
soient fréquemment remplacés : si l'eau ne
fait pas de bien aux arbres, elle ne fait point
de mal aux pépiniéristes, qui font aussi leur
profit des erreurs d'autrui.

L'usage des engrais des trois règnes n'est,
dans la plupart des royaumes, considéré que
de nom ; on y laisse les fumiers se réduire
en poussière dans les étables et dans les rues;
souvent ils s'y confondent avec les matières
excrémentielles et putrides, qui, réduites en
poudre, sont emportées par les vents. On sent
combien cette négligence doit être nuisible

à l'économie animale. Il serait digne de ceux
qui s'occupent de l'amélioration de la condition humaine de provoquer des réglemens
de police qui contraindraient les particuliers
à employer au bénéfice de l'agriculture ce
qui tourne au préjudice de la vie des hommes.

L'Espagne est redevable au cardinal Xime-
nès d'un Code agricole; ce fut aussi d'après
ses ordres que M. J. Fettera composa un
Cours complet d'agriculture, et le cardinal
appela Linné pour le mettre à la tête d'une
nouvelle Académie destinée à cultiver l'histoire naturelle. L'Espagne a de bons réglemens sur les irrigations. M. Jaubert de Passa
a fait sur cette matière des recherches qui
prouvent, outre le goût de la science agronomique, toute la persévérance qu'a dû exiger un travail aussi utile (1).

_____

(1) *Voyage en Espagne dans les années* 1816, 1817,
1818 *et* 1819, ou *Recherches sur les arrosages, sur les lois
et coutumes qui les régissent, sur les lois domaniales et
municipales, considérées comme un puissant moyen de
perfectionner l'agriculture française;* par M. Jaubert de
Passa; précédé d'un *Rapport fait à la Société royale et
centrale d'agriculture;* par M. Héricart de Thury.

Le mûrier est encore cultivé avec soin dans les montagnes des Alpuxarras (royaume de Grenade), par des descendans des Maures qui ont embrassé le christianisme, ainsi que dans les royaumes de Valence, de Grenade et d'Andalousie : en général, la culture de cet arbre a dégénéré en Espagne comme en France. M. Régis a publié en 1819 un *Traité sur le commerce des soies,* dans lequel il a déduit les causes qui ont fait négliger cette branche ; il propose les moyens qui pourraient exciter à la suivre avec plus de soin et d'attention ; il parle d'ordonnances de Philippe II qui n'ont pas été suivies. Il attribue aux émigrations en Amérique et à l'expulsion des Juifs les causes de la décadence de l'industrie espagnole : ne pourrait-on pas, à plus juste titre, les reconnaître dans le défaut de la répartition du travail, dans des intérêts prédominans et étrangers à la société, et dans l'ignorance des théories, qui sont beaucoup plus connues en Europe aujourd'hui qu'elles ne l'étaient alors ?

Dans le royaume de Valence, la culture des

trèfles et des luzernes est en usage, et la terre
y est si fertile, qu'on les fauche huit ou dix
fois par an. En général, le sol de cette partie de l'Espagne a une qualité saline; plusieurs produits s'en ressentent, et le riz de
Valence est très-facile à distinguer pour cette
raison.

La culture de la luzerne est assez générale
en Espagne, mais les prairies fixes y sont
très-rares; on parcourt souvent des distances
de plus de cinquante lieues sans rencontrer
de ces tapis de verdure ou de ces boulin-
grins sur lesquels l'œil se repose si agréa-
blement.

L'agriculture a dans son domaine les trois
règnes de la nature, et c'est en Espagne sur-
tout qu'ils offrent les produits les plus féconds. En jetant un coup-d'œil sur cette
multiplicité de produits dont la nature a doté
cette contrée, on apprend à raisonner plutòt
sur ce qu'elle peut devenir que sur ce qu'elle
est.

Les chevaux andalous, par la beauté de
leurs formes et de leur allure, méritent de

compter parmi les plus belles races ; quelques années de paix pourraient encourager le cultivateur à faire des élèves et procurer à une branche intéressante de commerce de plus grandes ressources.

Les laines d'Espagne formant un des objets les plus importans de son commerce, on devrait s'attendre à voir les onze douzièmes des plaines et des montagnes de la Péninsule, qui sont restées sans culture, couverts de beaux troupeaux : eh bien ! d'après les calculs de plusieurs auteurs, le nombre des moutons en Espagne s'élève à

Moutons mérinos. 5,130,000
Moutons de l'espèce ordinaire. 8,870,000
—————
Total. . . 14,000,000

On sera sans doute surpris, en comparant ce premier produit agricole de la Péninsule avec celui de la même nature en Angleterre, de voir la première maintenir si peu de moutons sur un si grand territoire libre, et la seconde entretenir sur un très-petit territoire, où la plus grande partie des pro-

priétés sont dans des enclos fermés, la quantité de quarante-cinq millions de moutons,
outre les bœufs, chevaux et porcs, qui y sont
dans la même proportion : tel est le dommage
que porte à l'agriculture le manque d'heureuses théories dans un pays qui a, comme
tous les autres, le droit de prétendre aux
biens de la vie économique.

Les végétaux que le climat offre aux
hommes, et dont beaucoup n'attendent plus
que leurs soins pour servir à la consommation et à l'exportation, outre qu'ils sont
très-multipliés, sont encore d'une qualité qui
surpasse celle des autres parties de l'Europe;
tels sont :

*La canne à sucre, le coton, le lentisque,
le palmier, le cèdre, le poivrier, le sumac, l'a-
loès ; le cali et le varech,* ces deux dernières
plantes pour la soude; *le safran, le kermès,
les pistaches, les dattes et le caroubier ou carouge,* plante d'Italie.

Les autres végétaux qui se trouvent en Espagne ainsi que sur notre territoire, mais qui
sont dans la Péninsule plus abondans ou

d'une qualité différente, sont *les orangers, les limons, l'olivier, le mûrier, le liége des Pyrénées, le maïs, le riz, les amandes, les figues, les raisins propres à être confits, les câpres, et la barille*, plante des Indes qui sert pour la soude.

Dans beaucoup de cantons, comme à Tarragone, en Catalogne, le climat est si doux, que les arbres fleurissent et les fruits mûrissent presque toute l'année.

La minéralogie se rattache à l'agriculture, relativement aux sels qu'elle offre comme engrais; quant aux ressources qu'elle procure aux arts et au commerce, comme ceux-ci sont des causes secondaires des succès de l'agriculture, qu'il me soit permis de m'écarter un instant des limites d'une analyse, pour contempler la richesse minéralogique dans les différens rapports sous lesquels elle se présente.

L'Espagne fut regardée, dans tous les temps, comme une terre qui renfermait encore plus de richesses dans son sein que sur sa superficie. Pline rapporte que lorsque les Carthaginois l'envahirent, leurs soldats se retirèrent avec leurs instrumens de cuisine en argent. Les deux Romains Flaccus et Gracchus, en désolant le pays par leurs exactions, forçaient les habitans à s'ensevelir dans leurs mines. Le même Pline parle d'une mine près de Carthagène, qui rapportait vingt mille drachmes par jour, ou près de sept millions par an. Les provinces de Galice et de Lusitanie donnaient annuellement deux mille quintaux d'or (1).

Les Carthaginois, les Phéniciens et les Romains, en pénétrant dans ces contrées occidentales, y furent attirés par la soif des métaux et traitèrent les naturels avec les mêmes violences que plus tard d'autres nations ont employées contre ceux du Nouveau-Monde.

Les minéraux qui peuvent en Espagne être employés pour l'agriculture sont : le sel,

---

(1) D'après les évaluations faites par M. Dupré de Saint-Maur, *Essais sur les monnaies*, l'or étant, sous les Romains, à l'égard de l'argent comme un est à onze, et estimant la livre poids de marc à soixante-douze francs, les deux mille quintaux d'or représentent, valeur en argent de notre monnaie, cent cinquante-huit millions quatre cent mille francs.

le plâtre, la chaux. Ceux qui appartiennent aux arts et au commerce sont :

Le fer, qui, après celui de Damas, est le meilleur pour les armes blanches et les armes à feu que. l'on trouve dans les deux hémisphères. *L'or et l'argent, le vif-argent, le cuivre, le plomb, les cornalines, les agates, les jacinthes, les turquoises, les calamines, le lapis, la marcassite, l'escarbouclé, l'améthyste, le grenat, les diamans, les émeraudes, le jaspe, le porphyre, l'albâtre et plusieurs sortes de marbres.*

Les terres nitreuses en Espagne soutiennent généralement quinze ou seize lavages; lorsqu'elles sont sorties des récipiens, on les expose à l'air, et le sel de nitre s'y régénère.

Les Arabes ont laissé dans ce pays, qu'ils ont envahi, les souvenirs des arts qu'ils y ont fait fleurir. M. Coréa rapporte qu'Ebnel-Avan a laissé un *Traité complet d'agriculture* et la traduction du fragment d'un manuscrit de Rutsami, auteur chaldéen; M. Régnier, auteur d'un *Traité sur l'économie rurale des Arabes et des Juifs,* parle des soins avec lesquels ils

cultivaient les arbres et plus particulièrement ceux qui portent des fruits. Ces deux
auteurs démontrent que ces peuples appor-
taient un grand soin à la culture de tous les
végétaux, que leurs terres étaient bien main-
tenues, qu'ils connaissaient l'économie des
engrais et savaient faire les labours à propos.

Les constructions rurales dites à la sarra-
sine, et même celles des villes, dont les habitans de Tolède ont sur-tout conservé l'usage,
ne sont pas indignes de servir de modèles, particulièrement dans les contrées méridionales.

Celles-ci présentent la forme d'un bâti-
ment carré, au milieu duquel est une cour
couverte dans les grandes chaleurs par une
tente qu'on retire le soir pour laisser pénétrer le frais; le rez-de-chaussée est orné de
portiques ouverts de tous côtés : là se trouvent
les magasins ; une galerie intérieure fait le tour
du premier étage, et communique avec les différentes parties de l'habitation. Cette maison,
outre l'avantage de pouvoir offrir toujours à
ceux qui l'habitent un côté opposé à celui
où le soleil darde ses rayons, présente en-

core celui d'une surveillance très-facile; car, soit que le maître soit au rez-de-chaussée ou au premier étage, son œil peut embrasser dans un même instant tous les points de son habitation.

Les colonies agricoles, dont j'ai parlé aux articles précédens, qui maintenant en Europe, et particulièrement dans le Nord, ont une si heureuse exécution, furent fondées en Espagne avant ces dernières époques dans un but plus utile à la mère-patrie qu'à ceux qu'elle reçut alors dans son sein. La colonie de la Carolina, établie dans les montagnes de la Sierra-Morena par dom Pablo Olavide, connu, à Paris, sous le nom de comte de Pilos, a fini par des causes qui ne tenaient point au climat. Olavide tenait de Turigel, bavarois, une réunion de prolétaires et de désœuvrés de différens pays, sans esprit d'ensemble ni d'assistance mutuelle : avec cet assemblage mal assorti d'individus, ce fondateur aurait peut-être encore pu réussir, parce que les hommes expatriés changent souvent à leur avantage; mais il eut le malheur de ne pas s'assurer l'opinion du clergé, contre lequel il était trop faible pour pouvoir lutter, et il finit d'une manière malheureuse. Il reste pourtant encore aujourd'hui à la Carolina d'heureuses traces d'une entreprise très-louable, mais qui fut mal combinée dans son principe.

Quelles sont les causes du déboisement de l'Espagne ? Voilà la question que tout voyageur se fait en parcourant des plaines immenses sans y trouver l'ombre protectrice du berger. De distance en distance, ses yeux s'arrêtent sur des hameaux ou des villages autour desquels il ne remarque point de traces de végétation : les feuilles des arbres n'y répandent point cet air pur qui tempère une âpre chaleur; il semble qu'une main sacrilége ait porté l'incendie au milieu de ces plaines. A peu de distance de la capitale, excepté sur la route d'Aranjuez, disparaissent déjà ces berceaux qui changent leur teinte suivant la marche des saisons. Si l'on interroge les habitans les plus éclairés, ils répondent que cela provient de l'insouciance et de l'inertie de l'homme de la campagne.

La terre, cultivée sans amendement, offre dans cette contrée des récoltes plus abondantes que dans plusieurs parties de l'Europe, où elle est travaillée avec cette diligence et ces soins dont le cultivateur est capable; il ne lui prodigue pas ses fatigues pour en obtenir des combustibles. Les genêts, la fougère et le genièvre, tristes indices de la stérilité, sont les seules plantes qui lui servent pour l'usage de la vie domestique. C'est là que le farouche paysan, oubliant le passé, trahissant le présent et immolant l'avenir, dit : *La vie est un songe, demain est incertain, pourquoi tant s'inquiéter?* tandis que des populations lointaines et nombreuses regardent avec un œil de convoitise le foyer de ses pères et les biens dont il a méconnu le prix.

J'ai dit que les Espagnols avaient précédé les autres peuples dans l'institution d'un code rural et dans la formation de colonies agricoles, j'ajouterai qu'ils ne sont pas non plus restés en arrière dans l'art de conserver les grains : les *silos* que M. Ternaux a introduits à

Saint-Ouen et sur lesquels différens mémoires ont été publiés, les *silos* ou *sichos* sont en usage dans les environs de Badajoz. Ce sont de grands trous garnis de pierres de taille et qui sont creusés verticalement, ceux de M. Ternaux sont au contraire sur un plan horizontal.

Si le luxe a des conséquences sur l'état moral de la société, il n'en a pas moins sur son état physique et sur les arts ; il en a aussi sur sa force à l'extérieur, les valeurs qu'il absorbe ne se reproduisant plus. Il existe en Espagne un préjugé qui s'est introduit chez les grands aux époques où les trésors du Nouveau-Monde, passant en transit, ne s'y arrêtaient que pour soutenir une magnificence éphémère, c'est celui qu'un roi, pour être respecté, a besoin de couvrir de broderies et de galons ceux qui l'entourent. Ces illusions contrastèrent souvent avec les mœurs et les pensées des rois d'Espagne : ils sentirent sans doute qu'un luxe exagéré fait retourner l'or vers ses sources primitives ; mais la force des habitudes fut souvent plus forte que leurs volontés. Mengotti rapporte que Thamas-

Kouli-Kan, lorsqu'il détruisit l'empire des Mogols, trouva dans les caisses du vaincu beaucoup de pièces qui avaient été frappées par les Romains et qui étaient ainsi retournées à leur source, dans les temps où Rome, inerte et vaincue par elle-même, vit ses richesses, amassées à la hâte, disparaître rapidement. Combien de valeurs monétaires frappées en Espagne sont sans doute retournées à leur source première par l'effet d'une consommation qui, comme celle qui avait lieu à Rome, ne créait point de producteurs!

Charles-Quint, qui savait qu'il existe des préjugés nuisibles à la prospérité publique, et qui aurait pu faire davantage pour eux si sa vie n'eût été consumée par les peines et les fatigues de la guerre, répétait souvent ces mots : *Tout manque en Espagne ; tout abonde en France.*

La plupart des écrivains espagnols et étrangers n'ont cessé de répéter que les colonies du Nouveau-Monde ont détruit la métropole, et que les émigrations qu'elles ont occasionnées ont moissonné la population ; il eût été

plus juste de dire que ce sont les systèmes
de la métropole qui ont amené le décroisse-
ment de la population et anéanti ses ressources : car qui ne sait qu'elle tend à s'accroître
par-tout où elle est encouragée par les arts
utiles, et que les causes qui arrêtent la production des moyens alimentaires arrêtent
aussi la multiplication de l'espèce humaine?

La population de l'Espagne, suivant quelques écrivains du temps des Maures, était de
quarante millions; mais d'après ceux qui ins-
pirent le plus de confiance par leur exactitude, ellé était de vingt-six millions. Les derniers recensemens qui ont eu lieu la portent aujourd'hui à dix millions six cent neuf
mille ames; ce nombre sera sans doute encore diminué par l'effet des émigrations et
des dissentions civiles, qui tarissent tous les
jours les ressources de l'État et exilent les capitaux sous mille formes différentes.

Le préjudice que l'Espagne éprouve par
l'émancipation de ses colonies existe plus
dans les habitudes et dans l'éducation que
dans des causes réelles, et ses habitans pour-

raient encore rendre sa puissance forte et imposante, si une protection efficace, accordée
à l'industrie et à l'agriculture, les encoura-
geait à tirer parti des avantages qu'elle présente; mais quels que soient l'état moral de
la Péninsule, ses déchiremens, et l'exaspération
des partis, ils ne peuvent changer la nature
de ses droits sur des provinces peuplées d'individus issus du sang de ses habitans; et quand
les Espagnols dé l'hémisphère américain appelaient par des cris répétés un pouvoir li-
bérateur des factions qui long-temps les ont
consumés, ils avaient droit de s'attendre à
trouver des médiateurs et non des commerçans intéressés.

Le parti de l'intervention de la métropole
même, aidée d'une puissance alliée, ne pouvait offenser que des intérêts, mais jamais
les droits politiques et respectifs des puissances.

On remarque que les nations qui envahirent les plus belles contrées du monde n'y
laissèrent que les traces de leur passage; que
Rome même, qui envahit l'Asie, la Grèce

et l'Égypte, n'a pu en changer les traits nationaux, et que ces peuples ont conservé
leurs mœurs, leur caractère, leur costume,
et grande partie des habitudes de la vie domestique. Mais les colonies espagnoles ne présentent point les mêmes rapports, elles ne
sont que les parties d'un corps divisé par
l'espace des mers; on n'y retrouve maintenant
que très-peu d'anciens habitans; la même origine, les mêmes mœurs, la même religion et
les besoins mutuels auraient dû maintenir
entre les Espagnols des deux hémisphères une
étroite union.

Si la législation réclamait des modifications
relatives à l'état actuel des colonies, la métropole n'aurait pas manqué de les accorder,
si une puissance alliée se fût interposée
comme médiatrice.

La république des États-Unis, composée de
provinces qui ont un langage, une religion et
des lois différentes, voit la paix naître de la disparité qui existe entre les élémens qui composent ce grand corps : d'ailleurs, la force de
la masse principale existe dans les descendans

d'un peuple attaché à ses institutions et qui a laissé, sur cette terre même où il a cessé d'étendre sa domination, des principes fixes et des modèles à suivre. Mais les lois qui gouvernent cette république sont-elles applicables à un peuple qui vient de quitter une législation si opposée? Les Espagnols-Américains sauront-ils conserver une sage liberté? Platon lui-même a dit *qu'une république finit toujours par accoucher d'un roi, et que le meilleur gouvernement est celui d'une monarchie tempérée*: s'il faut, après les secousses politiques, que les Espagnols-Américains en viennent là un jour, il vaudrait mieux encore qu'ils s'unissent au roi que la destinée leur a accordé, en traitant avec ses mandataires sur les droits et les libertés commerciales que les circonstances ont rendues nécessaires.

En définitive, quelles que soient la solution et les conséquences de la question sur l'Amérique espagnole, question qui doit déterminer le rang que l'Espagne prendra sur le globe, c'est à l'agriculture et aux arts qu'il appartiendra de fermer des plaies affligeantes qui

sont dues à des causes internes et externes,
et qui deviennent plus difficiles à guérir lorsqu'on tarde à y apporter remède.

L'Espagne ne fut pas la dernière qui vit
naître dans son sein les sciences et les arts;
elle reçut de bonnes lois, mais malheureusement elles ne furent pas toujours exécu-
tées; elle a des théories et des pratiques
de culture excellentes, mais elles ne sont
suivies que dans très-peu de cantons; elle a
des canaux, tels que ceux du Guadalquivir et
de l'Aragon (1), dont la hardiesse égale celle
des plus beaux monumens de l'Europe, qui
n'ont besoin, pour être terminés, que de quelques années et des encouragemens que réclament l'agriculture et les arts; elle eut dans le
ministre Garey un financier profond qui a laissé

_____

(1) Dom Ramon Pignatelli, d'origine française, a conduit les savans travaux qui ont étendu le canal de l'A-
ragon depuis Sarragosse jusqu'à Tudela. Le plan de ce
chanoine, architecte renommé, avait pour but d'unir
l'Océan à la Méditerranée. Il faut espérer que le Gouvernement espagnol ne laissera pas enseveli dans l'oubli
un si beau projet.

d'excellens mémoires ; elle a des matériaux avec lesquels on peut élever des monumens qui bravent les injures du temps : l'aqueduc de Ségovie, construit sous l'empereur Trajan, a vu passer seize siècles sans perdre de sa beauté et de sa solidité. Enfin, il ne manque à l'Espagne que des mains généreuses qui, sans détruire ses antiques institutions, la délivrent des obstacles qui la font dévier de la voie la plus sûre qui conduit les hommes au bonheur. Les exemples du passé et ceux que présente l'histoire moderne doivent faire reconnaître aux vrais Espagnols que la faiblesse et l'ignorance, loin d'être des garanties publiques, conduisent à la servitude et à la misère.

Lors des guerres dans l'Orient, l'agriculture dut aux cloîtres la conservation de ses élémens. Aujourd'hui en France, le fondateur de la nouvelle abbaye de la Meilleraie, son vénérable abbé, a démontré *ipso facto* que les travaux des champs n'étaient point incompatibles avec la vie contemplative, et que les couvens n'empêchent pas le développement

des forces productives et de la population,
quand la charité qu'ils font n'est réservée
qu'aux pauvres et aux infirmes, à qui appartient leur superflu.

Des écoles d'agriculture établies sur les modèles de celles qui existent déjà dans le nord de
l'Europe présenteraient un double avantage
en Espagne, sur-tout si, comme chez M. de Fellemberg, l'éducation y était graduée suivant les
besoins de la vie sociale. Les indigens y trouveraient des théories toujours placées à côté
des exemples, et les Espagnols du Nouveau-
Monde, si la paix peut resserrer les liens qui
les unissent à la métropole, leur aïeule, vien-
draient y chercher les moyens de rapporter
dans leur belle patrie, avec les honorables
lauriers de la science, les sentimens que les
rapports de consanguinité, de langage, de
mœurs et de religion auraient dû toujours
conserver.

L'industrie, arrêtée dans sa marche, maintient la population dans un état de décrois-
sance; elle est inquiète, parce qu'elle n'est pas
heureuse; l'instabilité des pouvoirs empêche

l'influence heureuse que l'industrie et l'agriculture exercent l'une sur l'autre. Le rétablissement des forces abattues de cette puissance ne peut venir que de la confiance dans
la puissance même dont elle ne doit attendre
que des bienfaits, et qui fut sa fondatrice et sa
libératrice : la France peut changer ses déserts en contrées florissantes ; elle seule,
après lui avoir offert des soldats, peut lui
donner des artistes et des agriculteurs, et
l'Espagne arrivera enfin au port du salut,
comme l'a dit un grand roi, c'est ici le cas
de le répéter, lorsqu'il n'y aura *plus de Pyrénées*.

ARTICLE XIV.

DU PORTUGAL.

Le Portugal (l'ancienne Lusitanie) éprouva, dans tous les temps, le sort de l'Espagne,
dont il n'est qu'un démembrement; il eut aussi
ses époques de gloire, celles de dépérissement, et, à quelques différences près, il en

partage les mœurs comme les conditions géologiques et atmosphériques.

Ainsi que les Espagnols, les Portugais sont
accusés d'avoir cherché à échanger contre
des richesses fugitives celles bien plus réelles
qu'ils possèdent sur leur territoire; mais
ceux qui, dans l'Asie, prodiguèrent leur
sang et remportèrent des victoires qui ont
étonné et éclairé l'Europe, doivent-ils être
passibles des mécomptes de la métropole,
dont le régime intérieur anéantissait le fruit
de leurs efforts et de leurs sacrifices ?

Une production de première nécessité man-
quant, on se trompa sur les causes de la disette; et une ordonnance de 1765, en pres-
crivant d'arracher les vignes dans les environs du Tage, sous peine de confiscation des
terres, avec ordre de les ensemencer en froment, détruisit un produit sans augmenter
l'autre; car les habitans de cette contrée,
privés de leurs vins, consommèrent plus de
pain, et au bout de quelques années, la terre
n'en fut pas moins improductive.

Quelques améliorations dans les provinces

fertiles en blé, et sur-tout dans celle de l'Estramadoure, auraient produit ce que le Gouvernement cherchait, sans détruire une denrée utile au dedans et au dehors. Ce sont ces
tristes calculs qui ont placé le gage des efforts
d'une nation belliqueuse entre les mains des
étrangers.

La culture du mûrier fut très-florissante en
Portugal; cet arbre exotique y avait trouvé
une nouvelle patrie, et sa culture avait donné
un grand essor au commerce des soies. Des
Juifs qui avaient embrassé la religion catho-
lique s'étaient emparés de cette industrie;
malheureusement ils ne purent s'arranger de
la sévérité des réglemens, qui s'étendait sur
leur croyance. Plusieurs, trouvant plus de to-
lérance dans le royaume de Valence, en Espagne, s'y retirèrent (c'est encore le royaume
de Valence où la culture du mûrier est dans
l'état le plus prospère); d'autres passèrent en
Angleterre et en Hollande; enfin leur émigration fit disparaître une des ressources locales.

Le Brésil était le Pérou du Portugal; l'or

qu'on en exportait entretenait le luxe frivole
de quelques-uns, et la plus grande partie se
trouvait absorbée par les besoins des produits de l'étranger, qui augmentaient avec les
préjugés contre le travail. Les mines du Brésil ont donné au Portugal, dans le cours de
soixante ans, d'après les tableaux financiers,
la somme de deux milliards cinq cents millions
de francs : ajoutons à cela les ressources provenant de tous les autres établissemens dans
les Indes orientales et occidentales pendant
le même temps, lesquelles, suivant une esti-
mation approximative, peuvent s'élever à
quinze cents millions, et l'on reconnaîtra tous
les désavantages du Portugal dans la lutte commerciale ; car le numéraire qui lui reste dans
la circulation n'est pas évalué au-delà de vingt
millions.

Le commerce, habile à tirer parti de la
bonne comme de la mauvaise fortune, est
entièrement dans les mains des étrangers.
Dans ce pays, toute production de l'industrie qui entrerait en concurrence avec une
industrie étrangère n'aurait qu'une courte

existence, ainsi que plusieurs essais l'ont prouvé. Le meilleur moyen d'affaiblir cette prééminence, c'est d'être à même d'avoir toujours des échanges à offrir à ceux qui apportent : il faut donc favoriser la production.

Le Portugal n'offre point encore d'établissemens d'instruction théorique et pratique d'agriculture ; cependant Sa Majesté, par diverses ordonnances rendues en 1824, a donné à ses sujets un gage de ses intentions favorables à l'instruction et aux arts.

Dans le mois d'octobre dernier, il a été fondé à Lisbonne, par M. Lecoq, des écoles d'enseignement mutuel. Avant cette époque, le roi avait envoyé M. Lecoq à Paris pour y recueillir des renseignemens sur les écoles normales, afin d'en établir dans sa capitale, à l'instar de celles de la France.

Ce prince vient encore d'introduire dans son royaume l'art de la lithographie.

On vient de faire construire à Lisbonne une salle qui doit contenir plus de quatre cents élèves auxquels on enseigne la lecture, l'écriture, les préceptes religieux et le calcul d'après la méthode lancastrienne. On a le projet d'étendre cette méthode sur les autres points du royaume. La bienfaisance aurait été complète si elle n'eût pas été bornée à l'instruction simple, et si, comme dans les États du Nord, on eût donné à des enfans dont la plupart sont menacés d'un sort rigoureux, un métier pour les en préserver.

Le roi de Portugal et son ministère s'occupent beaucoup des possessions d'outre-mer ; un commissaire, M. Fereira Cordosa d'Acostaz, a été envoyé à l'île de Saint-Michel, la plus importante des Açores, pour y encourager l'agriculture et l'industrie.

La province de l'Estramadoure est la plus fertile en blé, et celle d'Alentejo l'est spécialement en olives ; les autres productions sont *le miel, les citrons, les oranges, les dattes, les châtaignes,* et beaucoup d'autres fruits.

Dans un pays où le climat varie, les denrées et l'époque de leur récolte varient nécessairement. La province de Tras-los-Montes est beaucoup plus froide que les autres ; la végétation y est retardée d'un mois, et les

récoltes ne s'y font pas plus tôt qu'en Allemagne.

Dans le reste du Portugal, l'atmosphère
est généralement beaucoup plus tempérée
qu'en Espagne, à cause des vents d'ouest qui
y règnent, et des pluies, qui y sont plus fréquentes. Les environs de la montagne d'Es-
tella et ceux d'Ourique offrent de beaux pâturages ; mais, soit que la proximité de la
mer donne aux herbes une qualité trop saline, ou qu'elles soient, par leur nature, moins
nourrissantes que celles d'Espagne, on remarque généralement qu'elles ne sont pas favorables à l'engrais du bétail : c'est pourquoi
on tire de l'Espagne des bœufs et des chevaux.

Les montagnes du Portugal offrent des ressources en minéralogie : on y trouve de l'*or*,
*de l'argent, de l'étain, du plomb, du fer, du
cuivre, de l'aimant, du mercure, de la houille,
de l'arsenic, des turquoises, des émeraudes*,
et beaucoup d'autres pierres précieuses. Mais
les avantages qu'offrirent aux Portugais leurs
possessions situées dans les autres parties du

monde, et particulièrement leurs mines d'or du Brésil, dont les veines sont très-fécondes, les déterminèrent à se livrer par préférence à l'exploitation de ces dernières, qui sont aujourd'hui presque abandonnées.

Les laines de ce pays, dont on estime le produit à douze millions de quintaux par an, sont, pour la plupart, enlevées par les Anglais, qui les y reportent ensuite transformées en tissus de toute nature.

Le commerce portugais est entièrement extérieur, et lorsque les importations du Brésil n'ont plus lieu, il faut ou que le système agricole et manufacturier change, ou que la balance commerciale présente un déficit annuel au préjudice du Portugal.

Ce ne sont point les bras qui manquent dans ce pays; car la population, qu'on évalue à trois millions six cent quatre-vingt-trois mille habitans, va au tiers de celle de l'Espagne, qui est cinq fois plus grande; mais ce sont les habitudes et l'éducation qui ont maintenu les hommes dans l'ignorance du mécanisme de la transformation des capitaux et

des règles à suivre pour rendre utile la production.

Le climat de la France ayant plus d'analogie avec celui des États de l'occident qu'avec
celui des contrées septentrionales, c'est là que
les Portugais doivent trouver un centre de
relations commerciales et instructives. Les
Français furent dans tous les temps les amis
de cette puissance ; en vain des prétentions
sans fondement ont essayé de leur ravir ce
titre : des traditions anciennes, conservées
dans la mémoire des deux peuples, annoncent que les Français furent aussi les défenseurs et les soutiens de cette monarchie (1).

---

(1) Plusieurs auteurs prétendent que le nom de Portugal vient de *portus gallus* ou *Gallorum* (port français),
et qu'il lui a été donné, parce que les Français se por-
tèrent en foule aux environs du Douero, près de la ville
de Porto, afin de secourir les chrétiens portugais contre
les Maures.

ARTICLE XV.

DE L'ITALIE.

L'Italie est devenue le flambeau du monde après en avoir été l'effroi, a dit un écrivain moderne, et les arts d'éclat y furent long-temps plus en honneur que les arts utiles. Les siècles de Médicis et de Léon X ont laissé des monumens qui conserveront long-temps la mémoire de leurs auteurs. Mais chaque époque devant avoir son empreinte particulière, celle-ci paraît plus marquée que celles qui ont précédé, par l'application aux arts économiques.

Caton l'Ancien, Columelle et Virgile ont répandu dans l'Empire romain des règles qui se sont étendues dans le monde entier ; Numa apprit aux Romains à faire usage des céréales ; dans les temps modernes, M. Agortino Gallo, et les comtes Philippo Re et Verri ont concouru à propager la science agronomique.

A Florence, l'Académie des Georgofili a été fondée dans le noble but de travailler à perfectionner l'espèce humaine et de prévenir les maux dont elle est menacée dès son enfance, et s'occupe spécialement d'agriculture. MM. le marquis Ridulfi, et Gino Caponi, membres de cette honorable Société, ont fait connaître les avantages de l'Institution de M. de Fellemberg, et sur-tout à quel point elle est applicable dans tous les pays. Plusieurs savans de cette académie ont traité des matières sur l'agriculture, et M. Sabatino Giardini a développé cette question importante : *De l'influence du luxe sur l'agriculture.*

La péninsule italienne, composée de neuf petits États, offre presque par-tout les mêmes productions. Dans ces riantes contrées, favorisées par un beau ciel, des canaux d'irrigation assurent les récoltes et mettent le colon à l'abri des sécheresses dévastatrices qui ruinent quelquefois de grandes régions. Là, le cultivateur n'a besoin que de seconder la nature : par-tout elle lui prête ses forces réunies, par-tout de beaux nivellemens, et, dans la plupart des plateaux de l'Italie, une terre substantielle et spongieuse, qui offre au-dessous de la couche végétale un lit de gravier, présentent les conditions nécessaires au succès de ses opérations.

Les prairies du Milanais, de la nature de celles qu'on appelle *marcites*, parce qu'on les couvre de fumier avant l'hiver, fournissent jusqu'à sept coupes de foin. La première se fait à la fin de février; l'herbe croît sous la glace; les eaux avec lesquelles on les arrose pendant l'hiver, et l'engrais, par sa décomposition, portent assez de calorique pour provoquer la végétation.

Dans la province de Lodi, arrosée par la rivière de l'Adda, les meilleures espèces d'herbes à foin sont indigènes, et y viennent sans y avoir été semées; le cultivateur prétend qu'elles se multiplient en outre par les graines qui se trouvent dans les fumiers : l'herbe de ces prairies donne au lait des vaches cette qualité qui procure ces fromages si renommés. D'après l'extrait d'une statistique de ce pays, qui m'a été remise par une personne

très-éclairée, je joins ici la note des espèces
d'herbes qui ont été reconnues dans les prairies du Lodesan ; elles y sont classées dans
l'ordre botanique. Plusieurs sociétés en France
ayant proposé pour prix de désigner quelles
sont les meilleures herbes pour fournir de
bons fourrages, et quelles sont celles qui produisent les plus précoces, je désire que ceux
qui se livrent à l'examen de cette question intéressante trouvent dans cette nomenclature
des renseignemens qui leur soient utiles (1).

---

(1) Désignation des vingt-sept plantes qu'on reconnaît
dans les provinces du Lodesan, d'après leur classifica-
tion botanique.

Achillea millefolium. — *Bellis perennis.* — *Bromus gi-
ganteus.* — *Bromus arvensis.* — *Cynosurus cristatus.* —
Festuca elatior. — *Lolium perenne.* — *Lolium tenue.* —
Lolium temulentum. — *Lychnis flos cuculi.* — *Panicum
glaucum.* — *Poa trivialis.* — *Poa pratensis.* — *Poa annua.*
— *Leontodon hispidum.* — *Leontodum taraxacum.* —
Rumex acutus. — *Rumex acetosa.* — *Ranunculus acer.*
— *Plantago lanceolata.* — *Trifolium pratense.* — *Trifolium repens.* — *Trifolium agrarium.* — *Medicago poly-
morpha.* — *Anthoxantum odoratum.* — *Cichorium in-
tybum.*

Il est à remarquer que ces prairies se labourent tous les trois ans, alors on les retourne avant l'hiver : on nomme cette opération *soveschio*; au printemps suivant, on y sème du maïs ; en automne, elles sont ensemencées en froment : ainsi les champs sont cultivés d'après une rotation de cinq ans, dont trois cinquièmes en prairies, un cinquième en froment, et un cinquième en lin et maïs. Cette province, d'une petite étendue, entretient dix mille bœufs, vingt-six mille vaches, huit cents taureaux, et sept mille veaux.

Le laboureur du Lodesan n'a besoin que de retenir ses forces pour conduire le soc de la charrue; il rendrait la terre stérile s'il lui donnait un labour trop profond, parce qu'il ramènerait à la superficie la couche de gravier. La terre végétale des plaines de Lodi n'a pas plus de sept à huit pouces de hauteur; les eaux d'irrigation, la manière intelligente de la cultiver, la sûreté des produits et la qualité du sol, ont fait regarder les terres de cette province comme les meilleures du royaume

lombard-vénitien : on les vend environ quatre
mille francs le *pio*, qui est un peu moins
grand que l'arpent.

Le Bergamasque, le Brescian et le Cré-
monais ont des prairies fixes, qui supportent,
celles de première classe, quatre coupes, celles
de deuxième classe, trois coupes de foin. Dans
quelques parties de ces provinces, les eaux
d'irrigation sont assez grasses pour servir de
seuls amendemens aux prairies; ce qui est
une grande économie pour l'agriculteur, qui
alors réserve tous ses engrais pour le maïs,
le lin, et les prairies artificielles.

Les différentes espèces de culture de mûriers et leurs variétés ne présentent rien qui
ne soit connu théoriquement et pratiqué en
France. Je parlerai ailleurs de cet arbre,
dont j'ai suivi théoriquement les différentes
espèces de culture en Italie, ainsi que des
mécomptes qui avaient fait abandonner sa
propagation dans diverses contrées de la
France.

Il n'y a point d'écoles d'agriculture dans la
Lombardie et dans l'État vénitien. En 1821,

des personnes élevées aux emplois supérieurs du Gouvernement firent à l'auteur de cet Essai la proposition écrite de devenir le fondateur d'un institut agricole dans les environs de Brescia, à l'instar de celui de M. de Fellemberg en Suisse.

A Naples, il y a quatre écoles établies dans la province des Molises (*ancien pays des Samnites*).

A Milan, le comte de Castiglione a rédigé des mémoires, présentés à la Société impériale et royale des sciences, lettres et arts, sur les diverses espèces de vignes qu'on cultive en Lombardie, et sur le meilleur système à suivre pour établir leur nomenclature, sans considérer comme espèces distinctes celles dont la variété ne dépend que du sol et du climat. M. le marquis de Brème, de cette même ville, a publié de savans mémoires sur l'avantage des fermes expérimentales, et a donné des modèles pour de plus grands perfectionnemens dans la confection des instrumens agricoles.

A Turin, il y a un jardin expérimental ; le

Gouvernement sarde encourage la culture du mûrier dans le Piémont et même en Savoie, pays beaucoup plus froid et abrité : ainsi il ne manquait plus au sobre et industrieux Savoyard, assez courageux pour féconder jusqu'aux cavités des rochers, que d'aller y planter l'arbre qui nourrit le ver textile auquel le luxe doit ses plus belles étoffes. M. G.-A. Giobert, de Turin, a fait un mémoire sur les prairies retournées et les récoltes enterrées en vert, dans lequel, après avoir décrit les différentes méthodes usitées par les anciens et les modernes, il démontre que le seigle semé de bonne heure peut donner deux coupes de fourrage en automne, et ensuite être enterré en vert au printemps suivant; ce qui donne à la terre un amendement préférable au meilleur des engrais. M. Castellani, de la même ville, a publié un mémoire sur l'influence des bois sur les cours d'eau.

A Brescia, M. Clemente Rosa, président de la Congrégation provinciale, et célèbre agronome, constamment occupé de tout ce qui tend à l'utilité publique, a fait connaître les avantages du riz sec, *riz de la Chine*, qui se multiplie prodigieusement: ses mémoires sont appuyés sur des expériences faites par lui-même. Les vues généreuses de M. Rosa ont leur source dans le désir qu'il a d'affranchir son pays des contagions occasionnées par la culture du riz ordinaire. C'est à la veille des récoltes et dans les grandes chaleurs que naît dans les rizières une quantité innombrable d'animalcules qui donnent lieu à des fièvres périodiques que l'on guérit difficilement.

Jusqu'ici les personnes occupées, soit par philantropie, soit par profession, du bien-être de l'espèce humaine, ont démontré les graves inconvéniens de la culture du riz, surtout dans les plateaux coupés par des bois ou des collines, qui forment un obstacle à la libre circulation de l'air. La population, victime d'un accident qui se renouvelle tous les ans, présente dans ces situations une physionomie d'une teinte blafarde et un aspect mélancolique; comme ces plantes qui ont été surprises par une intempérie au moment de leurs premiers développemens, elle paraît condamnée en naissant, par l'effet d'une calamité locale, à passer sa vie au milieu des souffrances et des infirmités.

Dans les discussions qui ont eu lieu dans les conseils provinciaux sur les accidens causés par la culture du riz, les intérêts privés ont souvent prévalu sur ceux de la population. Les essais faits par M. Clemente Rosa pour délivrer son pays d'un fléau, ainsi que ses expériences sur la fabrication des vins, qui ont été publiées, prouvent que la cause sacrée de l'humanité a trouvé en lui un défenseur, et que les arts utiles sont l'objet de son application.

L'Académie de Bologne s'est distinguée surtout par des rapports sur les atterrissemens des rives des fleuves, produits par les corrosions de l'eau; sur l'art de diriger les fleuves, et sur les irrigations, question importante, sur-tout dans les pays voisins des montagnes, où les eaux, accrues souvent par le débordement spontané des lacs, entraînent avec violence les produits de l'agriculture, et

quelquefois même les hommes et les habitations.

Non-seulement l'on ne connaît pas le système des jachères dans les plaines de l'Italie,
mais encore les terres, cultivées tous les ans,
y donnent souvent jusqu'à deux produits dans
une année. Cette multiplicité de récoltes, qui
n'est pas toujours bien entendue, rend nécessaire une main-d'œuvre considérable ; le
paysan, déjà pauvre, prodigue ses fatigues
pour les secondes semences qu'il cultive, aux
conditions d'avoir pour lui le tiers ou le quart
de la récolte, exempt de tous frais : souvent
les intempéries ou les froids hâtifs de l'automne viennent lui ravir le fruit de ses sueurs.
En perdant un produit sur lequel il comptait
peu, le propriétaire ne perd en quelque sorte
que le superflu ; mais le malheureux qui sacrifie son labeur préjudicie à l'existence de sa
famille. La condition entre ces deux individus n'est pas juste ; la chance est toujours
contre le malheureux.

Des terres qui ne se reposent jamais exigent
une grande quantité de main-d'œuvre ; il en

résulte que beaucoup de familles de paysans
se trouvent en quelque sorte groupées autour du domaine qu'elles cultivent ; elles forment un hameau dans l'habitation même. En
hiver, tous se réunissent dans les étables ;
après les prières, qui s'y font en commun,
les jeunes gens se livrent, par une impulsion
naturelle, à l'exercice du chant. Dans cette
contrée de l'Europe, les hommes vivent plus
en société que par-tout ailleurs ; si l'on ajoute à
cette cause, qui détermine entre eux de plus
fréquens rapprochemens, celle du développement plus prompt que fait naître l'influence
du climat, l'on trouvera sans doute la raison
de ce degré de perspicacité précoce, qui, dans
le peuple, peut prendre une bonne ou une
mauvaise direction suivant l'impulsion d'a-
près laquelle il est conduit.

Les voyageurs ont généralement reproché
aux paysans italiens leur indolence, et ceux
qui n'ont pas vécu, comme moi, au milieu
d'eux, ont en quelque sorte nationalisé ce défaut. Cette opinion n'est pas toujours exacte ;
mais dans les pays où elle trouve son appli-

cation, elle doit être attribuée à deux causes, l'une physique et l'autre morale. Le maïs, dont ils font leur principale nourriture, contient peu de substance nutritive; sa farine, triturée dans l'eau et soumise aux épreuves chimiques, donne moins d'amidon que la pomme de terre. Ces colons n'ont pas, comme les paysans anglais ou suisses, le pain, la viande, le beurre et le thé : de la *polenta*, du fromage frais et maigre, et de l'eau, voilà de quoi se composent leurs repas. Dans les fonds bas et humides, l'air, chargé le matin et le soir d'acide carbonique, empêche souvent le cultivateur d'aller de très-bonne heure au travail, et l'oblige à se retirer avant le soleil couché. Quant à la cause morale, elle provient de la modicité de son salaire, et du peu d'espoir qu'elle lui offre d'améliorer son sort.

Les cultivateurs des montagnes sont très-laborieux, très-actifs, et accoutumés à une vie très-dure; ils s'exposent facilement à passer la nuit dans les champs, parce qu'ils n'y craignent point l'influence de l'air. Mais on peut dire qu'en général le paysan italien est judicieux dans son travail, qu'il raisonne ce qu'il fait, que son coup-d'œil assuré étonne souvent les plus habiles ingénieurs, sur-tout lorsqu'il fait des nivellemens pour les irrigations. Son maître a donc encore, outre le produit de ses bras, la valeur matérielle qu'il obtient du développement de son intelligence.

Le grand-duché de Toscane, pays de paix, de bonheur et de prospérité, doit moins à la nature qu'à son souverain et à la législation les avantages dont il jouit. C'est un spectacle séduisant pour un étranger de voir la même ferme adonnée à la culture des grains, de la vigne, de l'olivier, des fruits, du mûrier, des légumes, et enfin de toutes les productions nécessaires à la vie. C'est bien dans ce pays que l'on reconnaît tout ce que peut un prince dans un État borné, lorsque les lumières et les règles de l'économie dirigent ses actions.

A l'exception de l'Université de Bologne, dont j'ai parlé plus haut, dans laquelle on s'occupe de répandre la clarté sur des questions d'agriculture, on ne trouve point dans les États ro-

mains d'institutions qui caractérisent un goût
déterminé pour l'art des premiers patriarches.
Sixte-Quint fut celui des souverains pontifes
qui fit exécuter les plus grands travaux pour
le desséchement des marais Pontins. Ses successeurs n'ont suivi ses idées qu'avec peu de
constance. Sous l'ancien Gouvernement, un
général français fit poursuivre avec activité
les ouvrages commencés. Il est malheureux
de voir le berceau de la religion et la ville des
beaux-arts abandonnés dans la belle saison, à
cause de l'air insalubre qui s'élève des marais. Pontins.

Le petit nombre de cantons cultivés dans
les États de l'Église offre les productions les
plus riches et la végétation la plus vigoureuse;
on ne voit nulle part de plus beaux chanvres
que dans les territoires de Bologne, de Ra-
venne et de Ferrare. Les autres denrées sont
les grains, les huiles, les vins et les soies.

Les salaires sont en général, dans toute
l'Italie, beaucoup moins élevés que dans toutes
les autres parties de l'Europe, où pourtant
aujourd'hui les bases alimentaires sont à un

aussi vil prix qu'en Italie. Quelle est la raison
de cette différence? Les paysans sont des espèces de tenanciers qui paient le loyer des
maisons qu'ils habitent; ils ont les deux tiers
de leurs journées dans l'année qui sont obligés pour le propriétaire, l'autre est employé
à la culture de champs de maïs ou de lin, qu'ils
façonnent, sous la condition de rendre au
propriétaire les trois quarts ou les quatre cinquièmes du produit net. Par cette condition
synallagmatique, le propriétaire s'affranchit
de la main-d'œuvre, et le paysan a un intérêt
direct à la bonne culture du champ qui lui est
confié, et partage avec le propriétaire dans
la récolte, ce qui lui procure une partie des
alimens nécessaires à sa nourriture. Une seconde raison existe dans la création de nombreux hôpitaux, fondés par des dotations et des
legs considérables. Le salaire de l'ouvrier, devant toujours suffire à son entretien, tombe
nécessairement dans les pays où des institutions de piété préparent aux enfans, aux vieillards et aux infirmes un asile assuré. A Brescia, ville où l'on ne compte que trente-six

mille habitans, les hôpitaux et lieux de piété
contiennent trois mille individus, les salariés
compris : le montant de la journée du paysan
est de quinze sous par jour sans les vivres.

Le fisc a hérité de l'ancien Gouvernement
d'une disposition vicieuse qui est toute au
préjudice de l'agriculture ; le contribuable
qui ne paie pas au terme fixe est chargé
d'une surtaxe que l'on appelle *capo soldo*.
Vous n'avez pas douze francs, dit-on au
malheureux, eh bien, payez-en quinze ! Il est
bien probable que la cour d'Autriche finira
par délivrer ses belles provinces au-delà des
Alpes d'un surcroît d'impôt aussi onéreux, et
qui pèse plus particulièrement sur l'agriculteur et le propriétaire malheureux.

Les étrangers qui séjournent assez en Italie
pour en connaître les mœurs sont toujours
étonnés du peu de dispositions que beaucoup
d'habitans des villes et même ceux des campagnes ont pour le mariage, qu'ils regardent
comme la vocation de l'être très-riche ou très-
malheureux, et dès qu'une famille commence
à avoir un peu d'aisance, ses membres ne se

désunissent plus : si elle est nombreuse, un
ou deux embrassent le parti du sacerdoce;
l'aîné est ordinairement le *residor* ou le chef,
qui tient la bourse sans rendre compte : dans
les campagnes, il dispose du travail de ses
frères et des denrées qui en sont le résultat;
il les nourrit et les habille souvent sans leur
donner d'argent; tous les frères et les sœurs
vivent entre eux en bonne harmonie et sans
se plaindre d'un partage qui, dans d'autres
pays, paraîtrait fort étrange.

Il y a encore des familles dont les membres,
quoique mariés, vivent sous la loi paternelle ou sous celle de celui qui représente le
père de famille.

La raison qui retient dans le célibat beaucoup de personnes vient de la persuasion
intime qu'elles ont de perdre leur aisance et
leur considération dès que la famille sera divisée : cette idée est d'autant plus fondée que
les moyens de faire fortune sont plus rares.
Celui qui se sépare de la famille tombe ordinairement dans un état de lésine; il est donc
difficile que des avantages qui se trouvent vé-

rifiés par beaucoup d'exemples ne se propagent pas, sur-tout dans un pays où les carrières qui ouvrent des voies à l'industrie et à la fortune se trouvent limitées, parce qu'il n'a que la fortune territoriale.

ARTICLE XVI.

DES ÉTATS-UNIS D'AMÉRIQUE.

La rapidité avec laquelle les États-Unis ont passé de la barbarie à l'état de civilisation a déjà donné lieu à beaucoup de réflexions de la part de plusieurs publicistes. En 1753, cette puissance n'avait encore qu'un million cinquante et un mille habitans ; d'après les recensemens de 1820, la population s'élevait à neuf millions huit cent trente-huit mille ; ce qui donnait treize personnes par mille carré (1). Cette population augmente, tous les ans, de vingt mille étrangers qui vont chercher sur ce sol une meilleure existence ; elle augmente

_____

(1) *Mémoires de la Société royale d'Arras.*

13.

aussi par l'effet des lois protectrices des différentes industries (1). Plusieurs ont fait la remarque que la population des provinces de l'Union doublait tous les vingt ans.

Un peuple dans son premier âge est presque toujours exclusivement adonné à l'agriculture; les Américains, et sur-tout les habitans des côtes maritimes, tenant du caractère de leurs anciens métropolitains, ont beaucoup de penchant pour les professions commerçantes.

Ceux de l'intérieur sont plus adonnés à l'agriculture; on les représente comme moins processifs que ceux des côtes.

Dans un pays nouveau, où les terres ne sont

(1) Un auteur anglais, M. Holmn, dans un ouvrage publié à Londres en 1823, et qui a pour titre : *Description des États-Unis d'Amérique*, dit que si cette puissance était peuplée dans la même proportion que l'Angleterre, elle contiendrait cinq cents millions d'habitans. La surface de ce territoire est, d'après les calculs de divers auteurs, cinq fois plus grande que celle de la France : or, si les États-Unis étaient peuplés comme la France, ils contiendraient cent cinquante-cinq millions d'habitans.

en général considérées que par la main-d'œuvre que les cultivateurs ont les moyens d'y
entretenir, l'agriculture ne semble pas avoir
besoin d'être soumise aux règles qu'elle exige
dans les contrées de l'Europe où elle doit lutter contre de grandes concurrences. Cependant en Amérique, comme dans les pays qui
s'avancent vers la civilisation, les sociétés publiques concourent avec les particuliers pour
tout ce qui peut contribuer à enrichir le sol.

Un ouvrage sur la botanique médicale, en
quatre volumes, est sorti des presses de Phi-
ladelphie. En 1822, sur cent soixante-treize
brevets délivrés pour inventions, trente-trois
appartenaient à l'art de l'agriculture; et vers
la même époque, plusieurs demoiselles de
New-Yorck proposèrent une chaîne d'or artis-
tement tressée avec leurs cheveux à celui
qui composerait le meilleur ouvrage en agriculture.

C'est encore à New-Yorck que l'on a fondé
un bureau d'échange pour la propagation des
différentes espèces et variétés de semences.
Cette idée m'a paru assez heureuse pour me

déterminer à en offrir le développement dans un article placé dans le second volume de cet ouvrage.

Il y a trente ans, les Américains tiraient du plâtre de France pour le répandre sur leurs terres, cette importation a cessé depuis qu'ils en ont trouvé chez eux.

Dans les lieux de garnison, il y a des fermes et des jardins cultivés par des militaires; les produits végétaux, si nécessaires à leur santé, servent à leur nourriture. On sait que les premières légions romaines n'étaient nourries que de végétaux. D'ailleurs le travail de la culture des champs a encore l'avantage de rompre l'oisiveté et d'éloigner les vices qui en sont la suite.

La multiplicité des rapports qu'entraîne le commerce entre l'Amérique et les Iles-Britanniques a dû nécessairement introduire dans ce pays la supériorité des méthodes de l'agriculture anglaise, avec des modifications relatives aux disparités du climat : cette différence est bien grande; car, en Angleterre, on ne peut obtenir de fruits mûrs qu'à l'aide de serres chaudes, au lieu qu'en Amérique la qualité et la quantité des fruits se trouvent presque par-tout. Les voyageurs, d'accord à cet égard, assurent que c'est le pays où l'on trouve les meilleurs. Cependant à Boston, à cause de la grande quantité des abris qui sont autour des lacs, le peu de fruit qui y vient est d'une qualité très-inférieure.

Parmi les animaux domestiques qui servent aux agrémens et aux besoins de la vie de l'homme, il en est peu dont les races n'aient été introduites dans les États-Unis; les mérinos ont prospéré dans la partie du sud, mais dans la partie septentrionale, au-delà de New-Yorck, ils dégénèrent; on trouve par-tout des moutons de l'espèce ordinaire; on y élève aussi de très-beaux chevaux, et quant aux bœufs, ils y sont par-tout d'une taille très-remarquable.

La *Société américaine*, dont le but est d'étendre la civilisation, a annoncé l'intention de former des fermes expérimentales.

L'instruction populaire fait des progrès encore plus rapides que l'instruction agricole :

dans le seul état de New-Yorck on comptait, au 14 janvier 1824, six mille sept cent cinq écoles.

Malgré ce beau tableau, l'esclavage, ce résultat de l'abus de la force, et d'une loi contre la religion et la nature; cet état, qui paraît si incompatible avec des institutions d'un état libre, existe encore aux États-Unis. Quoiqu'il ne soit plus permis de faire de nouveaux esclaves, et que leur nombre, d'après le vœu de la nation, doive diminuer tous les ans, cependant, d'après un rapport inséré dans un ouvrage recommandable par le caractère de vérité qui dirige ses rédacteurs, la portion esclave et de couleur de la population augmente de trente-cinq mille individus par an (1). D'autres auteurs ont tracé un tableau effrayant de la rigueur avec laquelle on traite les nègres sur les bords du Mississipi.

Séduites par l'aspect d'un pays nouveau, beaucoup de personnes qui ont voyagé en

----

(1) *Revue encyclopédique*, t. XXIV, p. 7.

Amérique dans l'espoir d'y obtenir des succès
n'ont trouvé que les membres épars d'un grand
corps qu'on ne peut point encore caractériser du nom de nation. Des provinces régies
par des législations différentes, des villes com-
posées d'une quantité de sectes et d'individus
qui proviennent d'origines diverses, ne peuvent présenter dans leur ensemble que des
masses incohérentes.

L'arbre social, dans les États de l'Union,
présente deux branches bien distinctes, ce
sont celles des commerçans et des agriculteurs. Il y a très - peu d'analogie entre les
mœurs de ceux qui les composent. Les commerçans, particulièrement ceux des côtes,
sont entachés d'un caractère très-litigieux.
M. Charles Botta, auteur d'un ouvrage inti-
tulé : *De la guerre de l'indépendance des États-
Unis*, dit qu'ils cherchent à extraire la quin-
tessence du subtil, et l'auteur des *Mémoires
de la Société royale d'Arras*, en parlant de
Louisville, capitale du Kentuckey, dit qu'elle
est infestée d'un jeu de bourse qui y multiplie
les banques sans confiance.

Cet ordre de choses, résultat ordinaire des institutions qui n'ont pas passé au creuset du temps, doit faire naître de mûres réflexions chez ceux qui sont tentés de prendre le parti de l'émigration : leur sort ne peut être que très-incertain, s'ils n'ont pas pour eux un art qui soit de nature à les rendre très-utiles; car, dans cette contrée que tant d'obstacles empêche-ront long-temps de se nationaliser, où chaque particulier, comme chaque province, se con-sidère isolément, l'étranger sans profession trouve toujours plus difficilement les moyens d'assurer son existence que dans celui où les traits nationaux ont gravé le caractère de l'hospitalité.

Les Suisses qui ont émigré dans les colo-nies de Gand et de la nouvelle Vevay, situées sur les bords de l'Ohio, fleuve qui a son em-bouchure dans le Mississipi, ont éprouvé beaucoup de misère ; ils se sont repentis d'a-voir fondé des établissemens qui n'avaient point été sollicités et qui n'ont point été pro-tégés. Pauvres au milieu de l'abondance, ces colons sont arrivés au point de ne pouvoir

trouver, par la vente de leurs denrées, les
moyens de satisfaire aux besoins les plus in-
dispensables, tels que l'achat des instrumens
aratoires et des étoffes pour leurs vêtemens;
ce qui prouve qu'il y a une cause qui empêche la consommation de marcher avec la
production.

L'industrie manufacturière manque dans
les États-Unis, et ils attendront encore long-
temps avant de la voir prospérer; car non-seulement le vil prix des tissus anglais n'invite
point à établir des fabriques, mais encore les
exemples qu'ont laissés plusieurs personnes
qui, à cet égard, ont voulu faire des essais,
ont été trop malheureux pour faire naître
l'envie de les imiter.

Les négocians des villes maritimes gagnent
d'autant plus que le commerce avec l'étranger
est plus actif. Si la fabrication des marchandises qu'ils achètent ou qu'ils reçoivent en en-
trepôt avait lieu dans l'intérieur, alors l'in-
termédiaire deviendrait inutile, car le consommateur irait souvent s'approvisionner aux
sources premières : les intérêts du commer-

çant des côtes contrastent donc avec ceux de l'agriculteur. De là, sans doute, une des raisons qui rendent ces deux professions opposées dans les rapports de leurs idées, de leurs mœurs et de leurs habitudes.

Si j'ai parlé de la cupidité des particuliers relativement à l'esclavage des gens de couleur, il est juste d'écarter toute application qui pourrait être dirigée à cet égard contre les principes du Gouvernement américain, qui, loin de protéger ce honteux trafic, encourage au contraire les émigrations des nègres en Afrique et à Haïti.

Il y a à Wasinghton et à New-Yorck des sociétés pour la colonisation des gens de couleur, qui paraissent animées du plus grand désir de servir la cause de l'humanité; c'est par leurs soins qu'il a été fondé sur les bords d'une belle rivière près du cap Monte-Serado, en Afrique, une colonie appelée *Liberia.* Ces sociétés ont eu le courage de renouveler à trois reprises différentes cet établissement : cela prouve leur persévérance. Il y a donc maintenant en Afrique trois points différens où l'on trouve les germes de la civilisation, et où les hommes ont cessé d'être regardés comme un bétail humain ; ce sont ceux-ci : *le cap de Bonne-Espérance,* où les arts, l'agriculture, et sur-tout la culture de la vigne, sont encouragés ; *celui de Sierra-Leone* et *celui de Liberia,* qu'on ne voit encore que comme un point imperceptible, mais que des bienfaiteurs rendront sans doute une des étoiles qui éclaireront insensiblement le reste de l'Afrique.

Ces mêmes sociétés entretiennent avec le gouvernement d'Haïti des relations qui ont donné lieu à des émigrations fréquentes. Des écrits de New-Yorck ont annoncé qu'il avait déjà été envoyé plusieurs bâtimens chargés de nègres pour cette île. Cet accroissement de population ne fait que rendre plus incertain le sort des mulâtres, qui jusqu'ici sont parvenus, par l'ascendant de leurs talens, à se maintenir à la tête d'un état d'aristocratie, malgré l'éloignement des nègres pour des maîtres qui ne sont pas du même sang qu'eux. Dans cet état de choses, il est à désirer que le

Gouvernement français accueille, parmi les plans qui lui ont été proposés pour Saint-Domingue, celui qui peut conserver les principes qu'il a adoptés, avec l'intérêt du commerce, qui lie entre eux les peuples les plus éloignés. L'exécution d'un de ces projets serait d'autant plus heureuse, qu'elle contribuerait à tirer quelques-unes de nos fabriques d'un état de pléthore qui leur préjudicie.

Les sciences, les arts et la civilisation marchent dans les États de l'Union avec ce calme et cette lenteur qui annoncent la durée. Cette société naissante semble déjà tracer le rang qu'elle doit occuper dans l'avenir ; sa prospérité ne tient pas seulement aux hommes, mais encore à la force des choses. Quelques légères taches dans des créations nouvelles n'empêchent pas de faire ressortir celles qui sont recommandables. Heureux ce corps politique, s'il parvient tard à l'époque des crises et des passions ! Elles seraient d'autant plus terribles, que son enfance aurait été calme et vigoureuse ; n'ayant pas de point central de ralliement, les mêmes causes qui ont maintenu sa

tranquillité, qui sont l'isolement des intérêts
et la différence des habitudes, ne serviraient
alors qu'à la prolongation de ses maux.

Quant à l'Amérique méridionale, son état
politique et ses agitations privent l'observateur d'un point fixe sur lequel il puisse appuyer des remarques. Des Gouvernemens
nouveaux qui s'autorisent des troubles et de
la faiblesse momentanée de la métropole pour
s'affranchir de tous devoirs envers elle sans
tenter les mesures de conciliation; des influences étrangères qui popularisent la révolution dans des intérêts de commerce; une
milice sans discipline et d'une organisation
imparfaite, composée de soldats qui ne voient
que le butin; des chefs qui crient *Vive la liberté* au moment où ils retiennent dans une
dure captivité quinze cent mille esclaves :
voilà le tableau que nous présente un Français qui a observé l'état de la république de
Colombie en 1823 (1).

---

(1) *Voyage dans la république de Colombie en 1822
et 1823;* par M. G. Móllien.

Le Gouvernement colombien, loin de commencer avec le flegme qui caractérise celui de l'Union, annonce au contraire déjà un penchant déclaré vers l'aristocratie. Le clergé de cette république naissante a été le premier moteur de cette indépendance. D'après M. Mollien, il possède environ les deux tiers du territoire. Des cures de dix mille francs et des prélatures de cent cinquante et de deux cent mille francs contrastent d'une manière frappante avec le traitement d'un général en chef, qui n'est que de cinq cents duros ou deux mille cinq cents francs.

Les esclaves sont reçus dans les corps, mais pour cela ils ne cessent point d'être esclaves; leur vie, au lieu d'appartenir à un particulier, appartient à la république.

Quant aux provinces du Mexique et du Pérou, déchirées depuis long-temps par les factions, qui tour-à-tour les ont gouvernées, elles ont vu leurs villes devenir désertes et leurs campagnes abandonnées pendant qu'elles ont été sans guide et sans un gouvernement fort et protecteur. La faible armée que le Gouver-

nement espagnol maintient est insuffisante
pour y conserver ses droits; elle n'en impose
point à ses ennemis, et n'offre point de garantie à ses amis, et ce n'est pas au milieu
des désordres de l'anarchie que ce pays pourra
verser dans le sein de la métropole ses riches
productions, ni recevoir d'elle en échange
celles qui peuvent maintenir la balance des
intérêts réciproques.

ARTICLE XVII.

DE LA TURQUIE, DE LA GRÈCE ET DE L'ÉGYPTE.

Ceux qui ont écrit sur la Turquie se sont
beaucoup plus attachés à nous donner des
notions sur la religion, les lois et les mœurs
de ce pays, que sur son agriculture; spec-
tateur tranquille des maux qui affligent l'existence de l'homme, le Turc foule aux pieds
nos habitudes, nos précautions, nos lois,
notre manière de nous vêtir; il condamne
nos perfectionnemens et nos innovations, et
il pense qu'il n'a plus rien à faire que ce qui

I.   14

lui est indispensable, parce que Dieu a tout fait.

Depuis la paix de 1717, faite avec l'Autriche, l'Empire ottoman n'a cessé de tendre vers sa décadence, et la marche incertaine du despotisme et de l'arbitraire aurait sans doute refoulé en Asie ceux qui se sont emparés du trône de Constantin, si d'anciens liens politiques et des considérations d'État n'avaient conservé leur existence.

Une terre riche en grands souvenirs, la malheureuse Grèce, a vu ses enfans outragés dans leur croyance, et la dignité de l'homme offensée sur les tombeaux mêmes de leurs ancêtres, et sur le théâtre des faits mémorables des héros auxquels elle a donné le jour. Deux sentimens sublimes, celui de la foi et celui de l'amour de la patrie, se sont ranimés contre des maîtres orgueilleux; une lutte inégale a commencé : presque par-tout le nombre a dû céder à la valeur des défenseurs de l'étendard sacré de la foi; on a vu une légion d'élite, aussi valeureuse que les Spartiates, mais moins expérimentée,

succomber tout entière sous le fer d'un
barbare ennemi. Ceux-là n'ont-ils pas mé-
rité, aussi bien que les trois cents morts aux
Thermopyles, que la postérité grave sur
leur tombeau une épitaphe aussi belle que
celle de leurs ancêtres : *Passant, va dire à
Lacédémone que nous sommes morts ici pour
obéir à ses lois?*

Quoique le sort des Grecs semble intéresser toute l'Europe chrétienne, parce qu'ils
ont pour rivaux les ennemis de nos lois divines et humaines; quoique ces faibles reje-
tons d'une souche héroïque aient pour eux
les droits que la faiblesse opprimée a sur la
sensibilité; cependant des présages sinistres
ont eu souvent lieu sur leur future indépendance : quelques-uns observent que Baby-
lone, Carthage, Tyr et Sidon ont disparu,
et que, de nos jours, les Vénitiens et les Gé-
nois ont cessé de figurer dans le rang des
nations; les peuples ont, comme l'homme,
disent-ils, leur berceau, leur adolescence,
leur virilité et leur caducité; arrivés à ce
dernier terme, ils ne peuvent plus se régéné-

14.

rer, ni reprendre une nouvelle splendeur.
D'abord, la majeure partie de ces peuples
anciens n'étaient point des peuples autoctho-
nes ; ils n'avaient pas, comme les Grecs, un
territoire qui pouvait les rendre indépen-
dans de leurs voisins ; les Grecs n'ont-ils pas
une religion, un langage, un costume, des
mœurs et une fierté, qui les empêcheront
toujours de se nationaliser avec les Musul-
mans? Quelle que soit la rigueur de leur destin, il est bien constant qu'ils conserveront
long-temps dans leur cœur les sentimens de
leur origine, de leur foi et de leur liberté,
qui rendront toujours leur caractère national, indomptable envers un Gouvernement
indigne de régner sur des hommes sensibles.

Quand des croyances aussi opposées que
celles de la foi chrétienne et du croissant ont
levé le glaive l'une contre l'autre, le sang de
l'opprimé s'élève toujours contre l'oppres-
seur : les outrages faits à la religion, les temples incendiés, les prélats et les prêtres im-
molés; ces malheurs ont gravé dans les cœurs
des souvenirs, qui malheureusement laissent

peu d'espoir à la possibilité d'un accommo-
dement. Pour faire cesser une lutte trop prolongée, une grande puissance n'a qu'à vouloir; la politique la plus humaine n'est jamais une erreur, et il y a lieu de croire
qu'elle finira par se déclarer en faveur de
l'opprimé ; elle a la force, et elle sera sans
doute généreuse.

En Turquie, les doctrines religieuses et
l'état politique s'accordent pour éloigner tout
ce qui peut encourager l'art de tirer parti des
richesses du sol. Le culte de Mahomet n'invite point l'homme au travail; ses dogmes,
qui attribuent tout à la fatalité, ne stimulent
nullement son courage; la politique ne lui
laisse aucune garantie; il semble que les actes du despotisme font souffler sur de vastes
plaines un vent desséchant, qui les frappe de
stérilité.

La ville de Constantinople, située dans une
position qui, comme l'a dit le baron de Tott,
semble avoir marqué la place de la reine du
monde, reçoit ses grains de la Bosnie, de
l'Egypte et de l'Arménie; ses environs pour-

raient offrir des ressources à l'agriculture ;
mais, excepté sur les bords de la mer, ses
plaines, dans un rayon de vingt-cinq à trente
lieues autour de la capitale, ne sont pas cultivées ; car l'industrie agricole ne peut se
fixer, si elle n'est à l'abri des mesures d'un
pouvoir dont il n'est pas possible de connaître les limites.

L'usure, ce fléau des sociétés et la destruction de toute action reproductive, prive
le cultivateur des secours qui peuvent lui
devenir nécessaires; elle n'est pas un signe du
manque d'argent, mais de l'instabilité, et là,
comme par-tout, les capitalistes veulent être
dédommagés en raison des risques auxquels
ils sont exposés.

Entre un pays qui décline par défaut de
lumières, qui cherche à combattre des maux
extérieurs, tandis que leur cause est dans son
sein même, où les salaires tombent, parce que,
par l'effet du plus triste de tous les préjugés,
le travail est abandonné aux plus pauvres
et aux étrangers, et le pays où le travail est
réparti et honoré, il y a une différence comme

entre la nuit et la lumière : la population
diminue, les revenus, perçus à force d'extor-
sions, ne vont pas à quatre-vingt-dix millions;
la misère marche toujours à côté de la magnificence, et la frugalité, qui n'est souvent que
l'absence du nécessaire, y place le malheureux au-dessous de l'état de nature : car il
n'a pas, comme le sauvage, cette âpre énergie qui lui fait surmonter les intempéries
du temps et les misères de son existence, et
pour peu qu'il rappelle en lui le sentiment
de la dignité de l'homme, il ne voit dans ce
qui l'entoure que les tristes contrastes qu'offre à ses yeux le spectacle du luxe et de la
barbarie.

Une puissance qui rejette toute idée d'industrie et de civilisation peut-elle résister
long-temps à cette fièvre lente qui la con-
sume? La solution de cette question se trouve
dans l'ordre moral, comme dans l'ordre physique ; mais si des intérêts politiques prolon-
gent son existence, elle ne présente plus que
l'aspect d'un cadavre que les médecins soutiennent dans un état d'agonie. Quelle triste

destinée que celle d'un empire qui a méconnu
les lois de l'harmonie sociale! C'est alors qu'il
ne vit pas, mais seulement qu'il existe encore,
et que chaque jour qu'il passe sous le bon plaisir des appuis qui soutiennent sa tête chan-
celante semble être la veille de celui qui l'appelle à ne plus compter que dans la postérité.

Ce serait une erreur de croire que les Turcs
n'ont pas d'écoles : on en compte quatre cent
quatre - vingts (1) à Constantinople, outre
quelques institutions particulières ; mais leur
caractère calligraphique est un obstacle in-
surmontable pour toute espèce d'avancement
dans les arts ou dans les sciences; d'ailleurs
cette vaine faveur du Gouvernement ottoman ne s'étend pas au - delà de Constantinople : on ne trouve de librairie turque
que dans la capitale, qui, suivant l'opinion
d'un illustre diplomate écrivain, augmente
sa population du malheur même des pro-

----

(1) *Mémoires sur Constantinople ;* par M. le comte de
Choiseul - Gouffier, ambassadeur du Roi près la Porte
ottomane.

vinces, où un Gouvernement destructeur tarit les sources de la prospérité. La population imposante de Constantinople est toujours ménagée par un pouvoir que souvent elle fait trembler.

Les provinces de la Valachie, de la Thessalie, possèdent des races de chevaux excellens, qui ont sur-tout le pied très-ferme dans les montagnes ; là, comme en Espagne, la paille est leur principale nourriture, et dans les monts où elle manque, les enfans des pauvres vont couper de l'herbe qui croît entre des pierres, pour les nourrir.

Une grande partie des produits qui viennent en Espagne croissent aussi en Turquie : le blé, le maïs, le riz, le coton, la soie, le tabac, les fruits, les vins, et la canne à sucre dans les contrées méridionales.

· La province d'Albanie est plus adonnée au commerce et à l'industrie que les autres.

Celle de la Bosnie est très-fertile en grains.

La Turquie est privée de routes et de canaux : par conséquent, les provinces de l'intérieur, fussent-elles cultivées comme des jardins, ne seraient d'aucune ressource pour la capitale, ni pour les autres pays, puisque les communications manquent ; les transports à dos de mulets ne peuvent servir que pour les marchandises précieuses.

Quant à la Grèce, elle n'a point encore d'école d'agriculture ; mais il a été fondé, dans le cours de l'an dernier, six écoles d'enseignement mutuel, d'après la méthode dite lancastrienne, dans les villes de Tripolizza, Mirza, Caritène, Gartoni, Calamatra et Phanari.

L'Égypte, qui fut la province la plus fertile de l'Empire romain, aujourd'hui gouvernée par un homme plus habile que ses prédécesseurs, parce qu'il a voyagé en Europe, Mohammed - Ali, pacha et vice-roi, semble vouloir offrir le mélange du despotisme avec les règles des industries agricole et manufacturière : en 1820, il fit planter vingt-cinq millions de pieds de mûriers dans ses États ; il a fait creuser des canaux, et a appelé auprès de lui des étrangers.

Un Français, nommé Jumel, imagina aussi,

en 1820, de transporter en Égypte le cotonnier du Brésil; l'essai réussit, et le pacha
ordonna bientôt d'étendre la culture de cet
arbuste. Le produit de la récolte fut, la
deuxième et la troisième année, dans une
progression rapide : il a déjà été envoyé à
Marseille six cent mille kilogrammes de ce
coton, auquel le pacha a voulu que l'on
donnât le nom de coton *Jumel*; il remplace
celui de Fernambouc, il est même plus blanc
et plus pur.

M. Gérard, auteur d'un *Tableau de l'agriculture et des arts en Égypte*, dit que si ce
pays possède un jour de bonnes institutions
il aura bientôt surpassé son ancienne splendeur.

Les plaines qu'arrose le Nil offrent une
fertilité qui paraît idéale : là, le cultivateur
n'a pas besoin de labourer; il sème à la vo-
lée sur cette croûte formée par le limon du
Nil; une herse de huit à dix pieds carrés,
sur laquelle est un siége où s'assied celui
qui conduit les buffles ou les bœufs qui sont
sous le soc (car on se sert de ces deux es-

pèces d'animaux pour le labour), suffit pour enterrer le grain ; et voilà toute la fatigue qu'exigent ces terres, toujours nivelées par l'eau, qui , comme l'on sait, est le meilleur de tous les niveleurs, sur - tout lorsqu'elle arrive doucement, et ne disparaît que quand elle est absorbée.

Cette semence, enterrée aussitôt qu'elle est semée, produit une récolte qui vient en six semaines; à peine ce premier tribut a-t-il été obtenu de la terre, qu'on l'ensemence encore; après que la seconde récolte a été faite dans le même laps de temps, on exige encore de la terre un troisième produit; enfin il semble qu'elle veut fatiguer l'homme à force de richesse.

L'île de Candie (*l'ancienne Crète*), qu'Aristote appelle *la reine de la mer*, parce que du haut de ses montagnes on peut voir les trois parties du monde, présente, dans ses anfractuosités, une grande quantité de végétaux; la botanique y offre plus de ressources que la minéralogie : là croissent pêle-mêle le *cyprès*, *le pin*, *le chêne vert*, *le carouge*, *le saule, le lamier, l'arboisier, le figuier, l'amandier, le châtaignier, l'olivier, le palmier, le poirier sauvage, le platane, l'aspetamos, qui ressemble à l'érable ;* on y trouve le *léandre*, dont le bois et les feuilles sont un poison, et qui rendent les eaux dangereuses en été. Mais les productions les plus précieuses de cette île sont la canne à sucre et le raisin, dont on reconnaît soixante-douze espèces.

L'île de Scio, dans l'Archipel, plus intéressante par ses productions et sa population que celle de Candie, offre au commerce du vin et des soies, du mastic, de la térébenthine, des figues qui ont un parfum particulier, des oranges et des limons ; elle échange ses étoffes de soie, telles que velours, damas, et brocards d'or et d'argent, contre les grains qu'elle reçoit d'Égypte et d'Asie ; enfin c'est une des îles les plus fertiles et les plus commerçantes de la Turquie : on connaît les malheurs qui la désolèrent en 1822.

Le caractère des Turcs des échelles du Levant est loin d'être indomptable; on loue leur fidélité dans les traités; leurs maux viennent d'une législation qui ne peut se mettre en rapport avec les hommes qui ont les premières idées des Gouvernemens tempérés.

Sans les lois d'exception, sans les entraves dont un Gouvernement ignorant surcharge les particuliers, et dont les résultats ne tournent pas à son avantage, le commerce des Européens avec les Turcs leur serait toujours avantageux; car les marchandises qu'ils offrent étant plus précieuses que celles qu'ils retirent dans les échanges, ils obtiennent toujours un retour en argent comptant.

Un peuple dont les habitudes remontent aux époques de la plus haute antiquité, qui sait se créer peu de besoins, qui habite sous un ciel pur et sec, et qui n'entraîne pas les consommations auxquelles l'homme est assujetti dans les pays humides, et qui vit sur une terre qui est en quelque sorte une anticipation du paradis terrestre, devrait être le plus heureux de tous, si des hommes habiles

avaient senti que la législation étant faite pour
les hommes, et non les hommes pour la législation, il est aussi naturel de la modifier
dès qu'elle devient vicieuse qu'il est nécessaire d'améliorer un système de culture quand,
par des vicissitudes soit dans les choses humaines, soit dans l'atmosphère, ce qui était
bon dans un temps devient pernicieux dans
un autre.

ARTICLE XVIII.

DE LA FRANCE.

Le sol favorable à l'agriculture doit le devenir à l'industrie ; le cultivateur qui sait tirer
parti des forces de la nature fait naître le
manufacturier. La France trouve dans son
territoire de nombreuses ressources ; l'émulation qui anime ses habitans détermine leur
avancement dans tous les arts ; mais, dans
l'agriculture, ils ont besoin d'un centre de
lumières, parce que c'est l'art où les hommes
travaillent le plus isolément, et sont moins

capables de connaître par eux-mêmes les avantages qui naissent des échanges.

Les événemens politiques ont fait de nombreuses victimes; le cri de la justice s'est fait
entendre dans le cœur de nos rois; il faut de
nouveaux efforts et de nouveaux sacrifices
pour fermer des plaies profondes et détruire
de sombres souvenirs; la France ne craint
pas de nouvelles charges quand les efforts
de la production s'élèvent en raison des besoins.

Les plans en économie agricole doivent
admettre moins de délais que ceux qui ont
rapport à l'industrie, parce que la terre, toujours rajeunie quand on la cultive, reste
inerte pendant le temps où l'on suspend
l'exécution des vues utiles. Caton disait que
*lorsqu'il était question de planter, il ne fallait
point délibérer.*

La France est, aussi bien que l'Angleterre,
la terre classique des perfectionnemens agricoles; mais ils ne sont point répartis, ils ont
besoin d'être généralisés; les causes de vigueur doivent être répandues aux extrémités,

dans l'intérieur et au centre, condition sans laquelle il n'y a point une force compacte. Les villes de Constantinople, Naples et autres, gagnent en population ce que perdent les provinces, la Turquie et le royaume de Naples en sont-ils plus riches pour cela? Dans ces capitales, on semble ignorer que la population doit être un effet du bonheur public, et qu'elle n'en est point la cause. Les contrées de l'Asie sont souvent fort peuplées et fort malheureuses.

La population de Paris, loin de devoir son augmentation à ces mêmes causes, la doit au contraire aux progrès de la civilisation, à une meilleure éducation physique des enfans, à la salubrité de logemens plus étendus et plus commodes, à l'excellente police des hôpitaux et à une administration éclairée. Maintenant il reste à désirer que ces causes d'accroissement, de prospérité et de bonheur s'étendent encore davantage sur toutes les villes de l'intérieur, et un des moyens d'y parvenir, c'est d'encourager la production.

La France fixe l'attention des étrangers, et

quoique leur opinion ne soit pas un jugement en dernier ressort pour ce qui concerne
nos intérêts, cependant on ne me saura
peut-être pas mauvais gré de rapporter ici
celle d'une personne qui, par le rang qu'elle
occupe, doit être de quelque autorité. Le directeur de l'École polytechnique de Vienne,
en Autriche, en parlant de la France, dit
que «ses produits agricoles et manufacturiers
» sont encore bien au-dessous des besoins de
» son état social, et que cette puissance ne
» sera complétement florissante que lorsque
» sa population s'élèvera à quarante mil-
» lions (1). »

Les inconvéniens dont souffre encore notre agriculture existent dans le retard de la
répartition du travail. On sait que les travaux
qui ne forment point une occupation constante sont toujours les moins avantageux ;

____

(1) *Rapport sur l'influence réciproque qu'ont entre elles
l'agriculture et les manufactures;* par M. G.-G. Préchtl,
conseiller effectif de la régence, et directeur de l'École
impériale et royale polytechnique de Vienne; 1822.

plus l'homme est laborieux, et plus il a besoin d'une méthode pour ne pas sacrifier son
temps à des occupations stériles.

· Par l'effet de la surabondance des grains,
nous voyons nos marchés s'encombrer, tandis que la France est encore passive en huiles,
en soie, en lin, en bois, en bétail de diverse
nature et en laines. En encourageant les produits qui nous manquent pour les besoins de
la vie et du commerce, ce serait rappeler
ceux de première nécessité à leur juste équilibre. Il est d'ailleurs naturel à un peuple d'é-
viter d'aller chercher chez les autres ce qu'il
peut se procurer par lui-même.

Les grains sont abondans et à bas prix,
1°. parce que les méthodes qui les multiplient s'étendent sur tous les points ;
2°. parce que la difficulté de soutenir la
concurrence avec les blés des côtes de la
mer Noire met des obstacles à l'exportation ;
3°. parce que des substitutions aux céréales
forment, dans beaucoup de pays, la base de
la nourriture du peuple, et qu'à Paris même
la pomme de terre compte pour un quart

dans les ressources alimentaires; 4°. parce que les moyens conservateurs des grains donnent au producteur une économie de dix pour cent, et que la mouture, plus perfectionnée, offre encore un avantage de plus de dix pour cent en bonne farine (1); 5°. enfin, parce que les traités sur les maladies des grains, leur cause et leur remède, connus maintenant de la plupart des agriculteurs, ont prévenu des accidens qui, dans les dixième et onzième siècles, ont produit les disettes les plus désastreuses. On peut ajouter encore qu'il y a encombrement, parce que, dans l'art de l'agriculture, les productions se classent plus d'après l'habitude que d'après la raison des besoins.

La création des capitaux effectifs, tels que ceux en soie, en lin, en huile, en bétail, ferait naître la consommation et l'équilibre dans les prix de la denrée de première nécessité. Lorsque le travail est recherché, l'artisan con-

---

(1) *Résumé de toutes les expériences faites pour la conservation des grains* ; par M. Bontems, chef de bataillon.

somme davantage ; il n'a pas le temps de préparer des mets qui suppléent au pain ; son aisance accroît la consommation de beaucoup d'autres produits ; le consommateur des denrées de première nécessité devient, dans l'ordre physique, producteur de manufactures et de fabriques, et l'on voit toujours autour des établissemens industriels des terres bien cultivées.

Les créanciers de l'État, qui en France forment une classe imposante, ne sont pas moins intéressés que les autres à la bonne administration des domaines ruraux. En livrant leur argent au Gouvernement, ils se sont associés à ses titres de propriété ; le Gouvernement n'a de titres que sur la production ; si des maux internes ou externes la diminuent, le crédit baisse, et si alors la rente ne change pas pour le créancier, les difficultés dans la collocation de son gage augmentant en diminuent toujours la valeur.

En parlant, dans l'intérêt du royaume, de l'influence que la législation, les arts et le crédit public exercent réciproquement sur l'agriculture, qu'il me soit permis, sans sortir du même cercle, de chercher à plaider la cause des pères de famille.

Les pères de famille n'ont plus à gémir à la vue de trophées acquis au prix du sang de leurs fils; la mère ne demande point un fils, la sœur un frère aux chefs de ces légions valeureuses et souvent exposées aux destins de la guerre : mais une inquiétude succède à cet état violent; le chef de famille voit les carrières encombrées; ses divers enfans sont gênés dans leur condition respective; on importune les agens du pouvoir en cherchant, pour occuper ces individus, des places pour les hommes et non des hommes pour les places. Ne vaudrait-il pas mieux, à l'exemple de l'Angleterre, créer une classe de fermiers principaux ou d'entrepreneurs d'industrie rurale, qui, appliquant à cet art l'histoire naturelle, la botanique, la chimie, ainsi que les règles de l'ordre et de la bonne administration domestique, éviteraient les travaux mal entendus et qui ne tournent point au profit de la société?

Considérons cette idée sous un rapport encore plus louable, sous celui des avantages qui en naissent pour le pauvre et le malheureux. Dans les campagnes inertes, où le cultivateur suit le seul instinct de ses habitudes, s'il se présente un pauvre demandant du travail : « Retirez-vous, lui dit-on le plus souvent, il n'y a point d'ouvrage à vous donner. » Dans les contrées où la culture est soumise à des théories raisonnées, le domaine rural présente un atelier toujours en activité : les travaux qu'exigent les engrais naturels et artificiels; le battage des grains; la coupe et le transport des bois; la confection des instrumens aratoires; la préparation et les soins à donner aux semences printanières, l'engrais d'un nombreux bétail; la confection des fossés et des canaux; la réparation des bâtimens; les dispositions pour planter au printemps; enfin la réparation des chemins vicinaux : le travail ne manque donc en hiver que par ignorance ou par le défaut d'encouragement.

C'est dans les jours où la nature appelle

l'homme à goûter plus de repos que la religion l'appelle plus spécialement à ses devoirs, et le malheureux est d'autant plus dis-
posé à les remplir, qu'il est moins près de
l'absolue nécessité. Lorsque la classe aisée
vient au secours de celle qui souffre, on voit
les temples se remplir d'une population tranquille et heureuse. Le travail a donc aussi
son influence sur la ponctuelle exactitude
dans les pratiques de la religion ; car il con-
court avec elle au bonheur des hommes.

On rencontre une diversité d'opinions qui
ne peut servir qu'à éclairer, lorsqu'on lit les
écrivains modernes qui ont traité de la situation agricole de la France. Quelques-uns pro-
posent les associations comme devant être
très-utiles pour donner à l'agriculture un
mouvement d'accélération nécessaire ; d'autres provoquent l'action du Gouvernement
pour le même objet. De quelque côté que
le bien arrive, pourvu qu'il s'opère dans la
généralité, cela est indifférent. Quant aux associations, avant qu'elles s'établissent d'une
manière bien solide chez un peuple impa-

tient de voir des résultats, il faudrait un esprit et des mœurs agricoles; il ne faudrait
pas que beaucoup d'entre ceux qui tiennent
à cet état fussent comme ces plantes qu'on
ne peut ni classer ni caractériser, faute de
caractères qui indiquént à quelle famille
elles appartiennent. L'éducation de l'agriculteur est dans la connaissance des choses ex-
clusives qui lui sont nécessaires; son luxe,
dans le choix de ses attelages et de ses instrumens; et ses préjugés, dans la honte nécessaire qui le retient dans les habitudes de
sa condition.

Les associations, en Angleterre, ont plutôt
lieu pour les entreprises mercantiles, pour
les constructions de canaux et de routes, pour
des exploitations de mines dans des contrées
lointaines, que pour des entreprises agricoles. Les profits de la culture des terres sont
plus bornés que ceux du commerce; le capitaliste anglais calcule que s'il confie ses fonds
à une société les bénéfices de l'entreprise
devront nourrir deux familles; il craint que la
différence des vues économiques des deux as-

sociés ne nuise aux intérêts réciproques, et il préfère livrer ses capitaux à celui qui lui présente plus d'unité dans ses vues et dans l'exécution. J'ajouterai qu'en Angleterre les intérêts étant par leur nature moins isolés qu'en France, l'esprit d'association n'est pas seulement un résultat des lumières, mais encore qu'il dépend de la position des intérêts généraux.

J'essaierai de déterminer dans les articles : *Instituts agricoles* et *Colonies de bienfaisance*, les bases économiques prises sur différens modèles, d'après lesquels le Gouvernement pourrait établir d'utiles créations, et j'ajouterai seulement, pour donner une nouvelle force à cette opinion, que la France est le pays où ces mots de la part d'un ministre : *Le Roi est content de vous*, sont faits pour inspirer aux hommes, dans tous les états, le plus haut degré d'émulation. Cette réflexion, qui fait voir tous les avantages du pouvoir sur le caractère français, prouve encore cette vérité, que l'agriculture sera le premier et le plus recherché de tous les états lorsque l'autorité,

moins occupée des intérêts du corps politique, jettera aussi ses regards sur le corps
physique, dont la sûreté de l'existence renferme les garanties des individus qui composent la longue chaîne sociale, depuis le sceptre
jusqu'à la houlette.

Parmi les souverains qui ont favorisé l'agriculture, on cite Charles VIII, sous lequel fut
introduit le mûrier en France; Henri IV favorisa la culture de cet arbuste; il protégea
le laboureur, il connaissait le prix de ses fatigues. Louis XIV, le Régent, Louis XV et
Louis XVI ont rendu plusieurs belles ordonnances. Louis XV fit prendre des mesures
contre les effets des blés ergotés, qui, particulièrement dans la Sologne, causaient les
plus graves accidens. Louis XVIII, en s'occupant de la création de canaux, de chemins
et de ponts(1), a ouvert de nouvelles commu-

---

(1) Le pont du petit Vey, dans le Calvados, qui évite
aux voyageurs un détour de six lieues, est un ouvrage
qui rappellera long-temps le règne sous lequel il a été
fait.

nications qui donnent un avantage marqué à l'agriculture; S. M. Charles X a commencé son règne par un acte de bienfaisance; elle s'est occupée de prévenir les dommages occasionnés par les déboisemens, en créant une École d'instruction forestière, dont les travaux éclairés contribueront à apporter les modifications nécessaires dans le code des eaux et forêts.

Parmi les hommes qui, près du pouvoir, ont fait leurs délices de l'agriculture, on cite Sully et Vauban.

• L'art de la mécanique, qui travaille constamment à obtenir avec la même puissance des résultats plus grands et un succès plus complet, n'est pas en arrière en agriculture; l'on cite *le défricheur* de M. Athenas, avec lequel on enlève un appareil de racines dont on n'avait pu jusqu'ici se débarrasser que par un travail bien plus long, et qu'en déblayant avec la pioche le terrain; *le noria*, ou charrette de M. Burel, au moyen de laquelle, avec un seul cheval, on peut enlever en huit heures cent soixante-treize mètres cubes d'eau;

la houe à cheval et à trois roues, perfectionnée, propre à sarcler les plantes disposées
sur des lignes droites; elle apporte une grande
économie dans la main-d'œuvre; *la charrue
écossaise*, elle a été portée à son plus haut
degré de perfection par les soins du mécani-
cien Small (on ne fait que commencer à l'a-
dopter en France); *la charrue légère* employée dans les sols tenaces; *la charrue perfectionnée* de M. Molard; *l'extirpateur à onze
socs*, en usage en Angleterre, sur-tout pour
le labour qui doit précéder les semailles; *la
machine à réduire les pommes de terre en
fécule*, inventée par M. le curé de Bezons,
près Paris; elle est très-expéditive, peu coûteuse, et adoptée comme la meilleure que
l'on connaisse; *la machine à hacher les racines*, dont l'usage est spécialement répandu
en Hollande; elle est composée de pilons qui
portent à leur extrémité inférieure une lame
tranchante ayant la forme d'un S; *la machine
à broyer les débris d'os* qu'on emploie pour
l'engrais des terres; cette machine est employée
à la coutellerie de Thiers (Puy-de-Dôme);

le moulin à bras, dont on fait usage en Andalousie (1).

Dans quelques établissemens d'économie agricole, il en coûte beaucoup à l'agriculteur pour la mouture du grain ; les frais de transport au moulin, qui ordinairement sont à la charge du meunier, exigent une compensation ; enfin l'on compte que la mouture va à huit pour cent dans quelques contrées. *Le moulin de M. Auguste Delamolère*, propriétaire à Sours, près Chartres, qui a obtenu de la Société d'encouragement de Paris un prix de quatre mille francs, décerné dans sa séance du 10 novembre 1824, paraît très-susceptible

_____

(1) *Collection complète des machines, instrumens et ustensiles d'agriculture*, beaux dessins lithographiés. Cet ouvrage précieux a été dirigé par les soins de M. le comte de Lasteyrie; on le trouve chez Arthus Bertrand, libraire, à Paris.

Il y a aussi à Paris une fabrique d'instrumens aratoires, uniquement occupée de ce seul objet ; elle a été élevée par actions : c'est un des moyens qui contribuent encore aux progrès de l'agriculture. Le directeur est M. *Durand*, barrière du Trône.

de rendre de grands services à l'agriculteur, qui, faisant moudre chez lui tous ses grains, aurait pour lui le bénéfice du son et des recoupes, outre les dédommagemens souvent un peu arbitraires que s'arrogent les meuniers (1).

Quant aux instrumens *météorologiques*, dont se servent un bien petit nombre de cultivateurs, j'ai essayé de déterminer, à l'article *Instruction agricole*, le parti avantageux que l'on doit en retirer.

Plusieurs Sociétés, en proposant pour prix à décerner des questions de législation, ont donné à connaître le besoin d'un code rural : celle de Châlons-sur-Marne demande : *Quels sont les moyens d'intéresser davantage le fermier à l'amélioration des propriétés qui lui sont confiées, et de rendre en même temps le*

---

(1) Ce moulin, qui est en activité depuis trois ans, ne revient qu'à deux mille quatre cents francs, tout compris : l'on pourrait même en construire qui ne coûteraient que huit cents francs. En réduisant les dimensions, en l'absence du vent, il peut être mu par des chevaux. Cet agent puissant, commode et économique, est une précieuse acquisition pour l'industrie agricole.

propriétaire moins étranger aux chances des récoltes.(Prix à décerner en 1825.) Les variétés du climat et les différentes méthodes qu'elles entraînent ont dû, dans tous les temps, retarder la confection. d'une œuvre aussi utile. La condition qui doit marcher avant tout est celle d'établir sur des bases fixes le sort de l'agriculture.

Ceux qui aimeront à s'occuper d'une question si utile trouveront des documens épars dans notre législation et dans celle des étrangers : on peut consulter en France le *Traité de procédure* de M. Berriat Saint-Prix, le *Répertoire de jurisprudence*, au mot *Saisie;* la *Jurisprudence de la Cour de cassation* , arrêté du 21 avril 1819; l'*Introduction à l'étude des lois sur les domaines congéables*, et *Commentaires de celle du 6 avril* 1791 ; et l'ouvrage de M. Jaubert de Passa sur *les lois domaniales et municipales, relativement aux arrosages dans quelques parties de l'Espagne.*

En attendant qu'un code détermine les droits du fermier sur le propriétaire quand il a fait des avances qui ne tournent point à son profit, et les droits du propriétaire sur le fermier quand celui-ci lui a fait éprouver des détériorations, il serait bien nécessaire que les baux continssent des clauses encourageantes pour le fermier qui, étant ordinairement le plus faible et le moins heureux, a plus besoin que tout autre de la protection de la loi. Si le capital qu'il a employé en défrichement ne peut se reproduire que par le haut prix de la denrée, l'état actuel des choses ne pouvant lui être favorable, il en résulte une cause de retard et d'inertie préjudiciable à tous les intérêts, et une diminution très-sensible dans la masse des capitaux, qui détruit l'avenir du fermier et du propriétaire.

Dans la Grande-Bretagne, il est des terres où le capital engagé dans des bonifications est plus grand que le capital foncier. Que deviendrait le fermier, si sa fortune n'était protégée par la loi et par des baux de longue durée? Le fermier aisé et instruit rendra toujours le propriétaire heureux, le contraire arrivera s'il est pauvre et ignorant. Quand le

I. 16

fermier n'a rien, il faut que le propriétaire avance la terre et le capital : heureux encore quand ce premier ne rend pas le propriétaire victime de son apathie et de son ignorance, et ne laisse pas s'anéantir les capitaux qu'il lui a confiés !

En parcourant les différens travaux des Sociétés d'agriculture, on reconnaît que toutes ont émis des vœux pour que l'on s'occupât de l'éducation du laboureur; plusieurs d'entre elles ont indiqué les causes du retard de quelques provinces du centre, et ont proposé des questions qui tendent à introduire les méthodes les plus heureuses et la propagation de nouveaux produits. Les vues sages de ces réunions recommandables sont comme autant d'anneaux préparés pour former une chaîne destinée à soutenir de grosses masses; elles ont préparé le terrain où l'on doit planter l'arbre qui portera des fruits; cette chaîne représente les arts et l'agriculture, et les grosses masses, l'État et le crédit public.

Mais combien les théories sont encore loin de la pratique, et combien la classe ensei-

gnante est encore séparée de celle qui agit! Il
y a bien des contrées en France où les méthodes d'assolement alterne ne sont encore
que des abstractions, malgré la concurrence
des denrées étrangères, qui chaque jour leur
préjudicient : « Il faut chercher (a dit un cé-
» lèbre auteur italien, dans un ouvrage pos-
» thume) la balance des préjudices qu'on
» éprouve sur une denrée, dans l'encoura-
» gement de la production d'autres denrées
» plus utiles (1). »

Les Sociétés sont les interprètes des vœux
des particuliers; mais leur action ne va pas
au-delà du domaine de l'opinion; celles d'agriculture ont beaucoup fait et n'ont point assez
fait. Les bienfaits de leurs travaux n'ont pu
encore imprimer à cet art utile un mouvement général d'amélioration, parce que les
applications sont presque toujours locales.

Paris, le foyer des lumières, ne manque

---

(1) *Sulle cause dell' avilimento delle nostre granaglie e
sulle industrie agrarie reparatrici dei danni che ne deri-
vano.* Ouvrage posthume de M. le comte Dandolo.

16.

pas d'offrir beaucoup de théories, mais elles
se répandent lentement; quant aux expériences qu'on pourrait faire sur le territoire
qui l'entoure, son climat, trop au nord et
trop exposé aux vents du sud-ouest, qui le
rendent humide, ne permet pas de le choisir comme modèle pour la propagation des
végétaux qui sont devenus utiles à nos arts
et à notre commerce. Le Languedoc, la Provence et les Cévennes, me paraissent méri-
ter, à ce sujet, une attention toute particulière, par trois considérations que je soumets
à l'examen du lecteur; je les lui présente
avec d'autant plus d'impartialité, qu'aucun
intérêt ne me lie à cette partie du territoire
de la France; mais ayant fait un long séjour
dans des contrées qui offrent quelque analogie avec l'agriculture de ces provinces, et
s'en rapprochent sur-tout sous le rapport
des influences du commerce extérieur qui
leur préjudicient, j'ai acquis le droit d'en
parler.

1°. Les côtes de la Méditerranée, depuis
l'ouverture du commerce de la mer Noire,

reçoivent un dommage incalculable dans leur
régime agricole, par le débarquement des
grains d'Odessa; 2°. la ville de Marseille est
celle de la France où il y a le plus de pauvres
et de désœuvrés; les relations commerciales
ont abandonné leur ancienne route; les individus naguère occupés à la marine et dans les
magasins sont devenus oisifs; 5°. le produit
des soies et des huiles a besoin d'être encouragé dans la Provence et le Languedoc,
où le territoire et le climat leur sont favorables.

Les défaveurs du sort produisent souvent
le découragement et l'oubli; ce qui le prouve,
c'est que ce ne sont pas les provinces qui ont
le plus grand besoin de l'assistance du Gouvernement, qui sont les premières à appeler
son intervention, et à proposer des améliorations. Cette remarque ne sera pas indigne de
fixer l'attention des hommes livrés à l'étude
de l'économie politique.

Les plantes que plusieurs naturalistes cherchent à propager dans ces beaux climats sont:
le lin de la nouvelle Zélande (phormium

tenax); la marine anglaise considère ce textile comme une de ses·meilleures acquisi-
tions : c'est M. l'amiral Hamelin qui l'a apporté en France. Dans un rapport qui a été
fait à l'amirauté de Londres, il a été annoncé
que ce lin est supérieur au meilleur chanvre connu, sur-tout pour la confection des
cordages, et que la nation qui en gréera ses
vaisseaux en retirera de grands avantages.
Cette plante n'a encore été cultivée que
comme plante d'agrément ; on ne la propage
que par des caïeux. M. Robert, directeur
du Jardin de botanique à Toulon, a vu le
phormium tenax donner des fleurs à la fin
de mai.

On peut encore introduire *le coton her-
bacé*, plante cultivée par M. John Dorter,
l'un des directeurs de la Ferme expérimentale
du département de la Gironde, qui en a fait
venir de la graine des États-Unis, et a annoncé qu'elle avait parfaitement réussi (1).

_____

(1) M. Dorter a annoncé que cette graine se trouvait
chez M. Lafond, grenetier, place du Palais, n°. 25, à

L'arbre à thé.

Le quercitron (quercus tinctoria), plante d'Amérique, que M. d'André, intendant des domaines de la couronne, a su acclimater dans les domaines royaux.

Le blé de Toscane, si recherché pour sa paille.

Le mélèze ou *laricio de Corse,* qui fournit un bois plus léger, non moins solide, et plus durable que le chêne.

Le raisin sans pepins de la Mingrelie, appelé en persan *kischanysch,* qui serait, d'a-

---

Bordeaux. Ce cotonnier est une des espèces herbacées que l'on cultive dans la Caroline du nord. On croit que ce n'est point le même que l'on cultive dans l'Asie mineure et dans quelques îles de la Méditerranée. Plusieurs agronomes, dans les landes mêmes de Bordeaux, ont fait sur cette plante des essais en 1822 ; ils ont récolté cent quarante à cent cinquante livres de coton par hectare, cent quatre-vingts environ par arpent de Paris , et une graine parfaitement mûre. Ces produits ne donnent point une solution sur l'importance de cette culture ; il serait nécessaire de pouvoir comparer son produit dans les landes avec celui qu'il pourrait offrir dans la Provence.

près le rapport de plusieurs voyageurs, dans le cas de remplacer avantageusement le raisin dit *de Corinthe*, production des îles ioniennes; les mêmes voyageurs soutiennent qu'il réussirait en Provence.

En présentant l'analyse de quelques améliorations dont les provinces du Midi m'ont paru susceptibles, je suis bien loin de vouloir détourner les regards de celles du centre, en faveur desquelles divers écrits ont, depuis quelque temps, précédé mes réflexions.

Les départemens de l'intérieur ne sont pas avancés, ils furent moins favorisés que ceux du Nord, où les entreprises auxquelles ont donné lieu le passage des troupes et le séjour des armées ont laissé des capitaux abondans. Combien, par les raisons qui précèdent, les points de communications n'y ont-ils pas été multipliés? Les routes et les chemins vicinaux y sont dans un meilleur état que dans l'intérieur; les anciennes provinces du centre ne prétendent point à une prérogative, quoique Blois, Tours, Orléans, Bourges et Montargis, aient été le séjour de nos rois; mais

dès qu'elles souffrent, elles ont, sans doute,
dans la pensée de celui qui nous gouverne
un droit d'aînesse.

Un ralentissement sensible dans l'agriculture de ces contrées ne peut venir que de
deux causes : de la force des choses, ou de
la volonté des hommes. Pour les dommages qui dépendent de la force des choses,
tels que l'encombrement des marchés, occa-
sionné par la nullité de l'exportation, et par
la concurrence des blés de la Crimée, par
l'abondance des denrées que l'on substitue
aux céréales, et l'art plus connu de la conservation des grains et de leur mouture, il
n'y a d'autre moyen d'en régler l'effet que
l'application des méthodes expérimentées dans
tous les pays. Que dire de ceux qui, au lieu
de suivre un chemin tracé et éclairé par
beaucoup d'épreuves, préfèrent s'engager
dans une route où la force des choses a
creusé des précipices? Ne croirait-on pas voir
ces moutons qui sautent dans un torrent,
parce que celui qui a passé devant y a sauté
le premier?

Quant aux désavantages qui dépendent de la volonté des hommes, il n'est pas défendu de les combattre, et le dessein de proposer des modifications qui tendent à créer des ressources nouvelles, et à nous mettre en rapport avec nos besoins, m'a mis dans le cas d'exposer le fruit de quelques recherches.

Les principaux produits des anciennes provinces de l'Orléanais, de l'Anjou, de la Touraine, de la Haute-Bretagne, sont tombés dans le dernier avilissement par plusieurs causes déjà indiquées ; il en reste encore quelques-unes à déterminer : ces vins, vinaigres et eaux-de-vie, ressources alimentaires de leurs belles vallées et de leurs rians coteaux, n'offrent plus aux propriétaires de vignobles que la perspective d'un triste avenir, et si des réglemens de prévision, unis à la propagation des méthodes utiles, n'améliorent leur sort, il y a lieu de craindre que, dans les années d'intempéries, beaucoup d'entre eux ne puissent parvenir à soutenir les charges affectées sur des propriétés devenues trop ingrates.

La répartition de l'impôt sur les vins n'est

pas basée sur la production et le lieu de son
origine ; une denrée de médiocre qualité,
récoltée dans un terrain qui vaudra par ap-
proximation quatre cents francs l'hectare,
paie au fisc, à l'entrée à Paris, autant que
celle de première qualité, et récoltée dans
un terrain qui vaut neuf mille francs l'hectare : l'une coûte trente francs le tonneau, et
l'autre trois cent cinquante francs ; l'une est
pour les besoins du pauvre, l'autre est réservée pour la bouche du riche ; et cependant, aux entrées, ces produits sont assimilés
quant aux droits. Il résulte de cette inégale répartition qu'il existe une prime en
faveur des vins de première qualité, qui détruit la renommée qu'ont méritée autrefois
ces liquides, parce qu'elle engage le propriétaire à chercher la quantité aux dépens de
la qualité ; il résulte encore un inconvénient
non moins grave, celui d'encourager la frau-
duleuse falsification, si dangereuse pour la
santé, et qui se fait toujours aux dépens du
producteur et du Gouvernement, qu'elle
prive de ses droits.

Les produits des petits vignobles, rejetés
de la capitale par la nature de l'impôt, ne
conviennent plus aux commerçans en vins,
qui n'introduisent dans leurs cénacles que
des qualités susceptibles de subir une trans-
mutation, et d'en former différentes espèces
à des prix gradués. Heureux encore l'indi-
gent quand la cupidité ne lui offre qu'une
boisson faible, et quand elle n'est pas ho-
micide !

*C'est l'impôt qui ruine l'impôt, et l'impôt
exagéré détruit la base sur laquelle il est posé.*
Combien la consommation des vins serait
plus grande, si ceux qui se récoltent dans
les départemens que j'ai cités ne payaient de
droits qu'en raison de leur qualité; ils peuvent arriver par eau jusqu'à Paris ; ils coûtent
peu pour le transport. Si l'impôt était en rapport avec la qualité de la denrée, le monopole
de la falsification cesserait, car le bénéfice ne
serait pas en raison du danger ; des vins ordi-
naires, mais naturels et convenables à la consommation du peuple, prendraient la place
de boissons pernicieuses ; l'État n'y perdrait

pas, car il y aurait plus de consommation réelle ; le commerce intérieur et les propriétaires y gagneraient, et alors le bénéfice illicite du falsificateur, corrompu par l'appât du gain, cesserait.

Le commerce extérieur ne pourrait que s'accroître des résultats d'une disposition déjà réglée par l'ordre d'une justice naturelle ; car les vins nommés vins fins, perdant la prérogative qui les appelle vers le centre, reflueraient dans les entrepôts destinés à la consommation extérieure ; les propriétaires sentiraient davantage la nécessité de s'attacher à obtenir des qualités faites pour l'exportation', et l'État y gagnerait sous un double rapport.

M. le duc de Doudeauville, dans un discours qu'il a prononcé à la Chambre des Pairs, dans la session de 1824, a exposé des détails très-intéressans sur la culture de la vigne en France ; il soutient, avec tous les bons agronomes , que cette culture n'est avantageuse qu'entre le trente-cinquième et le cinquantième degré de latitude ; on ne la

cultive plus en Perse sans être obligé de l'ar-
roser. Il expose qu'un tiers de la récolte des
vins de Bordeaux passe à l'étranger; il n'y a
que les vins d'un prix élevé qui passent en
Hollande, en Angleterre, en Allemagne, en
Russie et en Amérique.

Les systèmes prohibitifs, que des pays limitrophes ont adoptés par représailles contre nos
vins et nos eaux-de-vie, cesseront lorsque les
encouragemens donnés à l'agriculture, en multipliant le bétail, auront rendu inutiles ces mesures de prévision : alors nos denrées en liquides jouiront d'une faveur d'autant plus
grande, qu'on aura pris plus de précautions
pour empêcher la détérioration de leurs qualités. M. de Marivault, dans un très-beau tableau qu'il a donné sur la situation agricole
de la France, se plaint de ce que, dans plusieurs départemens, il y a des propriétaires
qui cultivent des espèces de vigne dont le
raisin a peu de qualité. « Il appartiendrait,
» dit-il, à une administration paternelle et
» prévoyante de transporter au milieu des vi-
» gnobles à améliorer des cépages choisis

» entre ceux qui donnent le meilleur vin, de
» les distribuer et de les donner ensuite aux
» vignerons. »

L'état avancé de l'agriculture en Europe
doit inspirer la plus scrupuleuse attention
pour maintenir ces qualités de vin, qui font
la réputation et la richesse des pays qui les
produisent. Ici l'intérêt privé ne suffit point,
il faut encore les mesures législatives ; la taxe
des denrées établie dans de justes proportions est le chef-d'œuvre de la législation.

La preuve la plus sûre d'un mécompte
dans l'assiette de l'impôt existe dans le dé-
sordre même qu'il laisse introduire. Quoique
les progrès de la chimie aient rendu assez
communs les moyens de surprendre le secret
des mixtions dangereuses, on a vu, il y a peu
de temps, la police vigilante saisir plusieurs
caves qui contenaient une assez grande quantité de tonneaux de ce breuvage frelaté, et
les faire sur-le-champ répandre dans la rue.
Si la surveillance intimide les falsificateurs
qui emploient des ingrédiens connus, elle ne
peut produire le même effet sur ceux qui

trompent le public et le Gouvernement, en affaiblissant le vin par le mélange de l'eau ; et c'est ce qui arrive nécessairement quand les mesures de législation tendent à appeler au point central de la plus grande consommation les qualités qui laissent plus de prise aux calculs de la cupidité.

Parmi les découvertes modernes, il en est dont on ne peut nier l'utilité ; mais celles qui ne nous offrent que des substitutions factices, au lieu de produits plus naturels et essentiellement meilleurs, ne sont malheureusement que des inventions nuisibles au commerce intérieur et extérieur, dont le temps, la raison, et des réglemens protecteurs, doivent finir par faire justice.

L'eau-de-vie de pomme de terre (alcool de fécule) et le vinaigre de bois (acide pyroligneux) ne sont pour la France que de tristes produits, qui, pour être introduits dans le commerce comme liquides potables, ont besoin d'être mélangés avec des substances sucrées et aromatiques, afin de remplacer, comme on le peut, un principe qui est homogène dans les eaux-de-vie et vinaigres de vins. Il résulte de là que si ces liquides composés ne portent pas un préjudice notable à la santé (question hygiénique qu'il appartient à la Faculté de résoudre), ils nuisent au moins à l'intérêt et au crédit du commerce de la France, qui perd, par leur introduction et leur mélange, un des plus beaux priviléges de son territoire (1).

Il est difficile de prouver, malgré les discours de ceux qui se laissent entraîner par tout ce qui porte un caractère de nouveauté, que la pomme de terre, matière solide et farineuse, qui n'a pas, comme le vin, subi une fermentation graduée, ni conservé sa qualité aromatique, puisse remplacer convenablement des eaux-de-vie fabriquées avec une li-

---

(1) La vapeur infecte qui s'exhalait dans les faubourgs de Paris lorsqu'on y tolérait la fabrication des eaux-de-vie de pomme de terre a déterminé la Police, en 1823, à éloigner ces établissemens au-delà des barrières. Il faut espérer que des calculs positifs sur ces sortes d'inventions décideront les cultivateurs à les abandonner pour toujours.

queur généreuse, qui, malgré le travail de la distillation, retient toujours la substance su-crée et balsamique qui dépend de son pre-mier principe : telles sont les eaux-de-vie de Cognac et d'Orléans, de Bordeaux, etc. Il est également difficile que ces vinaigres de bois portent avec leur acide la qualité stomachique et odoriférante que conservent ceux qu'on a fabriqués avec de bons vins, et par les procé-dés conformes aux règles de la fermentation acéteuse.

Le génie invente et la cupidité corrompt; elle veut souvent forcer la nature; si elle ne s'emparait des découvertes du génie pour en faire un trafic réprouvé, ces breuvages fac-tices, relégués à leur véritable destination, n'auraient dû paraître dans le commerce que pour servir aux arts et aux manufactures, et alors on n'aurait pas vu l'intérêt du proprié-taire sacrifié au génie torturé des inventions, dont l'application doit tout au plus convenir dans des climats qui n'ont pas reçu, comme celui de la France, les plus grands dons de la Providence. La prospérité de l'agriculture

consiste moins à solliciter par des moyens
nouveaux, multipliés et forcés, la production
d'un terrain, qu'à généraliser les méthodes
existantes, qu'à porter les soins de l'homme
par-tout où il y a abandon.

La pomme de terre, que le célèbre Parmentier appelle un des plus beaux présens que la
nature ait faits à l'homme après les céréales,
exige néanmoins de la part de celui qui la cultive en grand un degré d'intelligence et un
esprit d'observation nécessaires pour éviter
de grands mécomptes. Elle est peut-être de
tous les produits de la terre celui qui absorbe
le plus son humus; son fruit vient dans son
sein; bien différent des autres, il ne reçoit pas
immédiatement son développement par les
sels qui sont répandus dans l'atmosphère. Il
est vrai que les lois de l'absorption secondent
bien sa végétation; mais aussi il est constant
que sa culture trop réitérée appauvrit le terrain; j'ai fait moi-même à cet égard plusieurs expériences qui se sont trouvées d'accord avec celles de plusieurs agronomes célèbres de la Suisse, où ce tubercule forme une

des ressources principales de l'économie domestique (1).

Il convient au propriétaire-cultivateur de
ne faire entrer dans la rotation des assole-

---

(1) Je crois devoir exposer ici le résultat de l'expérience que j'ai faite en Italie : j'ai semé dans une terre
féconde environ un arpent en pommes de terre, un
autre arpent a été semé en froment la même année. Le
produit de ces deux pièces de terrain a été très-abon-
dant. L'arpent qui avait reçu les pommes de terre a eu
un engrais copieux ; l'année suivante, je fis semer du
gros maïs dans ces deux pièces : dans celui où il y avait
eu des pommes de terre, le maïs leva très-bien, parce
que la terre se trouvait échauffée par le fumier ; mais au
moment où l'épi devait sortir du tube, il y eut un ralentissement dans la végétation, les épis furent grêles, peu
abondans et mal formés ; pour me servir de l'expression d'un agriculteur italien, *la terre manquait de nerf*.
Dans le terrain où j'avais semé du froment l'année précédente, le maïs végéta dans une progression lente et
graduée, la récolte fut plus abondante et le produit de
meilleure qualité. Je continuai mes expériences la troisième année : ces deux pièces de terre furent semées en
froment d'automne, le produit fut également plus abondant dans la pièce où il n'y avait pas eu de pommes de
terre : alors je pris le parti, pour faire reposer la terre,
de la mettre en prairie artificielle.

mens la culture de ce céréal légumineux (1)
qu'une fois tous les cinq ans dans les terres riches, et une fois tous les sept ans dans les terres
médiocres. Ainsi, si nous ne nous attachons
qu'à suivre les lois immuables de la nature,
nous n'irons chercher la satisfaction de nos
besoins et de nos goûts que dans les fruits de
la terre dont la main de la Providence a marqué la destination : c'est le propre de l'intelligence de faire des essais sur tout ce qui présente l'espoir d'un avantage, et c'est celui de
l'obstination de s'y attacher lorsqu'on reconnaît qu'il y a un déficit ou présent ou à venir.

J'indiquerai comme dernière cause du dépérissement de l'agriculture dans quelques
départemens du centre et du midi le manque
d'émulation d'un propriétaire affaibli dans ses

---

(1) Quoiqu'il soit bien probable que Cérès n'ait pas
connu la pomme de terre, cependant je prie que l'on
me pardonne cette expression, je trouve qu'elle rend les
qualités de la pomme de terre, qui contient en effet une
substance légumineuse, et en outre une fécule abondante, que n'ont pas beaucoup d'autres produits du jar-
dinage.

ressources pécuniaires par une longue suite
de non-succès : comment aurait-il le courage
de se livrer à des essais, qui d'abord exigent
des capitaux que souvent il n'a pas, et qui en
second lieu ne présentent des ressources que
dans un avenir qu'il ne peut attendre? Le
sentiment du besoin le détourne des améliorations qui n'offrent que des résultats lents;
la mauvaise fortune lui fait craindre de s'engager dans une route nouvelle; le propriétaire de vignes mal aisé est ruiné dans l'abondance comme dans la disette, parce que, dans
le premier cas, ses frais excèdent souvent ses
ressources, et que, dans le second, l'absence
d'un produit le rend incapable de soutenir
ses charges; il n'existe plus pour lui de moyens
de combattre cet état de dépérissement. Il n'y
a que les mesures du Gouvernement, toutes-
puissantes en économie, qui puissent empêcher sa ruine.

« La culture des vignes (dit Quesnal) est
» la plus riche du royaume de France, car le
» produit net d'un arpent de vignes, évalué
» du fort au faible, est environ du triple du

» meilleur arpent de terre cultivé en grains;
» encore doit-on remarquer que les frais com
» pris dans le produit total de l'une et de
» l'autre culture sont plus avantageux dans
» celle des vignes que dans celle des grains,
» parce que, dans la culture des vignes, les
» frais fournissent avec profit beaucoup de
» salaires pour les hommes, etc., etc. »

Les vins colorés et liquoreux du Languedoc, unis à ceux de la Bourgogne, du Borde-
lais, et autres cantons renommés, forment la
base des boissons de Paris; eux seuls reçoivent
les honneurs du pavillon, tandis que ceux que
produisent les riches collines des bords de la
Loire n'arrivent plus que par faibles portions;
leur consommation est beaucoup au-dessous
de la production, et il en résulte abandon et
découragement; le producteur découragé cesse
d'être producteur utile; lorsqu'il y a impuis-
sance, le Gouvernement perd ses droits. Plusieurs voix sur l'état des contrées centrales se
sont déjà fait entendre, j'ose y joindre la
mienne comme témoin pénétré de l'attention
qu'elles réclament.

Sans avoir cherché à présenter dans un
ordre géologique l'état agricole de la France,
travail que ne peuvent comporter les bornes
d'une analyse, j'ai néanmoins pris à tâche de
disposer les matières dans l'ordre le plus mé-
thodique possible. En décrivant l'état des provinces du midi; en parlant de leurs besoins,
de leurs ressources, j'ai essayé d'indiquer les
perfectionnemens dont elles peuvent être susceptibles; j'ai donné ensuite l'aperçu des provinces centrales, et je me suis attaché particulièrement à offrir des réflexions sur le produit de la vigne qui forme leur principale
richesse; aux articles *Vues de Sully et de Colbert*, *Colonies de bienfaisance*, *Ameublisse-
ment des bois*, je présenterai quelques idées
qui pourraient avoir aussi leur application
dans ces provinces. Il ne me reste plus maintenant à parler que de celles du Nord.

Les provinces du Nord, qui, suivant l'ordre
des choses célestes, reçoivent les dernières
les rayons de la lumière, sont les plus jalouses
d'en profiter; il semble que l'homme connaît
d'autant plus le prix d'une faveur, que la me-

sure lui en a été faite avec plus d'épargne, et qu'en la lui donnant la nature lui a accordé deux jouissances, dont l'une est dans le triomphe qu'il obtient par l'emploi de ses forces et de ses fatigues, l'autre dans l'épargne qu'il a dû faire; car la possession plus courte de la lumière du jour invite l'homme à la prévoyance et à l'économie.

Les cultures alternes, si favorables à l'Angleterre, ont pris naissance dans la Flandre, pays inépuisable en hommes, en main-d'œuvre et en productions; malgré l'uberté de ces provinces, on ne laisse pas cependant d'y écrire pour y provoquer des améliorations. M. J. Cordier, dans un très-beau mémoire sur la Flandre française, propose l'établissement d'une grande ferme expérimentale (1), et le *Journal d'agriculture* de Douai renferme beaucoup de projets d'agriculture, pour lesquels on réclame toujours l'interven-

---

(1) *Mémoire sur l'agriculture de la Flandre française*, avec atlas; par M. J. Cordier, ancien élève de l'École polytechnique.

tion du Gouvernement. Il est vrai que l'introduction du gaz hydrogène porte un préjudice
marqué aux huiles végétales qu'on retire des
plantes oléagineuses, cultivées spécialement
dans cette partie de la France, et que l'éducation des animaux domestiques y serait susceptible d'encouragement et de développement.

Les départemens situés au nord et au nord-
est offrent beaucoup de rapports dans leur
agriculture, comparée avec celle de l'Angleterre. Les pluies printanières et les brumes
y procurent aux semences un succès complet. En Angleterre, les blés semés au printemps réussissent mieux que ceux qu'on a semés en automne; c'est ici que l'agriculture
doit avoir ses règles, et où des méthodes,
qui sont heureuses sous une atmosphère humide, offriraient des chances d'incertitude
dans un pays sec. Cette observation n'est point
faite pour empêcher l'agriculteur intelligent
de mettre à l'épreuve les nouvelles pratiques;
d'ailleurs beaucoup de cultivateurs n'ont pas
été sans remarquer que, les conditions de
l'atmosphère étant changées depuis quarante

ans, il est des produits dont la semence aurait été hasardée autrefois dans certaines contrées, où ils sont devenus aujourd'hui une source d'aisance.

Les prairies naturelles et artificielles étant l'objet principal de l'industrie agricole de la Flandre française, celle-ci devient pour la France en quelque sorte une étoile du Nord à l'égard des différens systèmes d'éducation des animaux domestiques; c'est pourquoi je renfermerai dans cette troisième et dernière division ce que j'ai à dire sur cette base alimentaire de première nécessité, dont la consommation augmente avec la population et l'aisance.

Tous nos souverains ont encouragé l'éducation du bétail : le Régent, par ordonnance du 4 avril 1720, défendit de vendre, d'acheter ou de tuer aucune vache encore en état de porter des veaux.

Louis XV, par arrêté du 14 mars 1745, prononça une amende de trois cents francs contre les bouchers qui tueraient des vaches au-dessous de dix ans.

Mais il était réservé à S. M. Charles X d'exciter un grand mouvement d'amélioration dans cette branche d'industrie agricole, en détruisant, par arrêté du 12 janvier 1825, les restrictions qui entravaient le commerce de la viande de boucherie dans la capitale (1).

Ces mesures d'une haute prévoyance devraient maintenant appeler une attention éclairée sur l'art de former les races; on en retirerait un avantage au profit du cultivateur et un autre au profit du commerce, qui obtiendrait des cuirs d'une plus belle qualité. Un Français qui a vu en observateur l'Angleterre (2) nous dit qu'en 1790 les cuirs des bœufs, estimés l'un dans l'autre, pesaient soixante-dix livres, et qu'en 1815 ils pesaient quatre-vingt-dix livres : heureux résultat des

(1) Lorsque Turgot, en 1775, réduisit de moitié les droits d'entrée sur la marée que l'on consommait à Paris, l'impôt resta le même; il fallait donc que la consommation fût doublée; elle doubla aussi les profits, et ceux-ci donnèrent lieu à de nouvelles consommations. (Say, *Économie politique.*)

(2) *État de l'Angleterre ;* par M. Rubichon.

moyens qu'on a employés pour perfectionner
les races, et dont j'ai parlé à l'article *Angleterre.*

L'abondance des denrées que le peuple
substitue à la viande, telles que les fruits, la
volaille et le vin, n'entraîne pas proportionnellement en France la nécessité d'une aussi
grande consommation de viande qu'en Angleterre ; mais aussi il y a une trop grande différence dans la consommation des deux nations,
pour qu'elle ne donne pas lieu à des réflexions propres à répandre quelque clarté
sur notre position.

D'après les calculs de l'auteur que j'ai déjà
cité, un Anglais consomme deux cent vingt
livres de viande par an, tandis qu'un Français
n'en consomme que seize à vingt livres.

M. Benoiston de Chateauneuf prouve, par
ses observations, que la consommation des
boucheries à Paris a diminué, et que celle de
la viande de porc a augmenté.

Le célèbre et malheureux Lavoisier, dans
ses écrits lumineux, et qui respirent l'amour
de l'utilité publique, a fait des vœux pour

qu'on prît des mesures propres à augmenter la consommation de la viande par des encouragemens donnés à ceux qui se livrent à l'éducation des animaux domestiques. Les tableaux de la population de l'Angleterre démontrent combien l'abondance de ce comestible est favorable à la santé du peuple et à sa longévité.

Des calculs de M. de Marivault, un des auteurs les plus modernes qui aient traité cette question, je trouve à déduire les conséquences suivantes :

En Angleterre, la quantité des bœufs, en 1824, était de sept millions cent vingt-deux mille six cent trente - quatre, qui, au poids commun de six cents livres, forment quatre milliards deux cent soixante-treize millions cinq cent quatre-vingt mille quatre cents livres pesant.

En France, la quantité des bœufs était, à la même époque, de six millions neuf cent soixante-douze mille neuf cent soixante treize, qui, au poids commun de quatre cents livres, forment deux milliards sept cent quatre-vingt-neuf millions cent quatre - vingt - neuf mille deux cents livres pesant.

D'après cet aperçu, il est clair que le capital en denrée de cette nature, en Angleterre, excède d'un tiers celui de la France : or, quand douze millions d'habitans consomment un tiers de plus que trente et un millions, il en résulte que la consommation de l'Angleterre est à celle de la France comme $1 \frac{3417}{19375}$ est à $5 \frac{26179}{37500}$; ce qui présente néanmoins un résultat au - dessous de celui de M. Rubichon.

L'engrais des animaux domestiques est, dans l'économie agricole, l'objet qui demande le plus d'attention et de connaissances en théorie et en pratique ; l'agriculteur qui ne les a pas emploie souvent son temps et ses denrées infructueusement ; le cultivateur italien dit, en parlant au figuré, qu'il vaudrait autant jeter son argent dans l'eau que de l'employer à vouloir remplir de chair un sac d'os : c'est ainsi qu'il caractérise les bœufs qui, par leur âge et leur mauvaise complexion, ne sont plus susceptibles d'être mis à l'engrais. Un nourrisseur adroit, en jetant un coup-d'œil sur les dimensions de la poitrine, la qualité de la peau et la vivacité des yeux, détermine en un instant quel est celui entre plusieurs bœufs qui doit mieux payer que les autres le prix des soins pour l'engrais. Lorsque les bœufs sont mal appareillés, il arrive alors que le plus fort ruine le plus faible, et que ce dernier, n'étant plus bon pour l'engrais, consomme en vain le foin qu'on lui donne; il vaudrait mieux le livrer maigre aux boucheries.

La création des haras, et même celle des courses de chevaux, très-louables dans leur but, n'ont cependant pas encore produit sur l'agriculture les effets qu'on avait le droit d'en attendre. M. le vicomte de Martigny propose, pour l'amélioration des races de chevaux, d'introduire particulièrement les étalons des chevaux arabes et anglais, et M. Armand Séguin, d'accord avec ce premier, exprime le désir de voir les races s'améliorer par l'introduction de nouvelles espèces. Il ajoute que les perfectionnemens de l'agriculture doivent entraîner l'amélioration des races; les courses de chevaux, dit-il, multiplient les courses, mais n'ajoutent rien pour le bien de leur espèce; un cheval coureur sera souvent celui qui résistera le moins à une fatigue constante; on pourra juger leur force par le dynamomètre; très-souvent les prix aux courses sont remportés par des jumens (1).

Des expériences récentes, faites particulièrement dans le département de la Moselle, ont prouvé que des préventions s'opposaient souvent à l'amélioration des races; plusieurs propriétaires ont persisté à conserver une espèce faible et dégénérée, tandis que leurs voisins, sur des terrains de même nature, qui donnent les mêmes produits, et dans le même département, sont parvenus à avoir de très-bons et de très-beaux chevaux (2).

Les lins, le tabac et la garance trouvent sur-tout dans les provinces du nord et de l'est le climat et le terrain qui leur sont pro-

---

(1) *Essai sur les courses de chevaux et sur les moyens d'améliorer leurs races;* par M. A. Séguin.

(2) *Revue encyclopédique,* t. XXIV.

pres; la qualité de l'atmosphère y exclut la propagation de beaucoup de plantes exotiques naturalisées en France, et pour lesquelles l'industrie nationale réclame des soins particuliers.

Quoique les houblons de France soient en général meilleurs que ceux d'Angleterre, cependant, d'après le rapport d'un consommateur de cette denrée, nous en tirons encore en grande quantité du comté de Kent, en Angleterre, parce qu'il est difficile que les houblons de Flandre soient bien mondés; la plupart sont mélangés de feuilles, de pédicules, de fleurs et de pétioles, qui, étant fermentés avec le houblon, donnent à la bière une saveur désagréable et nauséabonde.

L'usage que les Anglais font de l'instrument appelé *extirpateur*, qui nettoie la terre et enlève toutes les plantes parasites susceptibles de se reproduire, même après qu'elles ont été renversées par le labour, contribue sans doute beaucoup à rendre leur houblon plus net et plus avantageux pour les brasseries. Il est cependant démontré que nos hou-

blons, et principalement ceux des Vosges,
sont plus abondans en parties extractives, et
il est certain que, s'ils étaient cultivés avec tous
les soins qu'ils exigent, ils seraient bien pré-
férés en Angleterre aux houblons indigènes,
sur-tout si le droit exorbitant qu'ils paient
à l'entrée était diminué.

Les méthodes d'assolement présentent une
des premières questions à examiner lorsqu'on
traite d'exploitations rurales; car c'est de l'intelligence avec laquelle elles sont suivies que
dépendent la conservation et l'accumulation
des capitaux. Plusieurs écrivains accrédités,
entre autres M. Mathieu de Dombasle, ont
abordé cette question; mais leurs méthodes
sont relatives aux provinces qu'ils habitent,
et ne peuvent former de règles générales.

Les idées que je soumets aux cultivateurs, aux propriétaires, et au Gouvernement, comme protecteur des intérêts privés, embrassant la généralité de la France,
je ne puis indiquer les méthodes d'assolement
qui sont applicables à chaque département,
parce qu'elles sont susceptibles de varier non-

18.

seulement dans le même arrondissement,
mais encore dans la même tenure, suivant
la qualité et l'exposition du terrain : il faut
donc que, par la nature de la question même,
je me borne à exposer des principes généraux.

Rien n'est plus nécessaire qu'un bon se-
meur, parce que c'est de la manière dont il
règle sa marche et ses mouvemens que dépend l'égale répartition du grain sur le terrain ; ce travail est confié ordinairement à
celui des ouvriers qui est le plus adroit et le
plus expérimenté.

Les terres légères étant plus absorbantes
que les terres fortes, les engrais qui y
sont enfouis les pénètrent plus facilement;
leur décomposition est aussi prompte que
leur effet ; plusieurs observateurs ont remarqué que les plus grandes fortunes en
Angleterre avaient été faites dans des terres
légères; elles sont faciles à travailler dans
tous les temps, mais leur assolement demande un labour moins profond; si la couche inférieure est de gravier, et si la terre

ne retient pas l'eau, elle n'aura pas besoin
de sillons, parce que les pluies abondantes,
en enlevant l'humus des terres légères qui
sont sillonnées, ne font que les rendre plus
stériles. Les terres fortes sont, en général,
meilleures pour le froment; mais elles exigent des frais plus grands que les terres légères, en ce que l'on ne parvient à les rendre productives qu'en détruisant, par des
fossés, l'eau qui leur préjudicie; elles exigent
une plus grande quantité de bestiaux de labour, parce que le temps où l'on peut les
travailler est souvent très-court ; l'engrais
qu'on leur donne conserve un effet plus durable que celui des terres légères, mais son
action est moins prompte. Quand les fumiers
qu'on donne aux terres fortes sont gros et
peu décomposés, ils agissent alors sous deux
rapports, et comme excitans, et comme corps
étranger qui tient la terre soulevée, et détruit l'obstacle qui s'oppose à l'extension des
racines.

Plusieurs particuliers, en Suisse et en Ita-
talie, ont pratiqué des desséchemens qui de-

viennent très-dispendieux : pour corriger le
défaut des terres glaises, ils ont fait ouvrir,
dans les mêmes terres, de larges fossés de
sept pieds de haut, à douze ou quinze pieds
de distance les uns des autres; ils les ont
fait remplir de pierres ou de gros cailloux à
la hauteur de deux pieds et demi ou trois
pieds ; on donne à ces fossés deux ou trois
lignes de pente par toise, afin que les eaux
qu'ils reçoivent aillent se réunir dans un
fossé large, garni aussi de gros cailloux, qui
conduit ces eaux et les fait se perdre dans un
réservoir, un étang ou une mare. Le profit
étant le but de toute opération agricole,
c'est à l'agriculteur à calculer si l'intérêt qu'il
peut retirer de ses frais doit compenser ses
dépenses; il faut des hommes bien exercés et
bien intelligens pour exécuter de pareils travaux.

Quant aux engrais, il y en a qui agissent
et comme amendemens et comme assolemens:
cet article, sur lequel je me propose de publier un traité, mériterait de plus grands
développemens ; je me contenterai ici, pour

ne pas m'écarter de mon but, d'exposer les méthodes principales, dont les pratiques, mises en usage depuis quelque temps, ont été confirmées par une série d'expériences.

Terentius Varron, un des descendans de celui qui fut le collègue de Paul-Émile, disait que les principes de l'agriculture sont l'eau, la terre et le feu; c'est de l'action que ces trois élémens exercent sur la végétation que dépend l'abondance de la récolte, et l'homme peut, sous plusieurs rapports, diriger cette action, suivant le degré de son intelligence.

Les engrais qui servent d'amendemens aux terres peuvent appartenir aux trois règnes de la nature:

1°. Aux minéraux: tels sont *la chaux, le plâtre, la marne, le sel, la poussière des routes, le déblaiement des démolitions, les terres des fossés, les argiles sur les sables et les sables sur les argiles*. Dans un rapport fait à la Société royale d'agriculture le 20 avril dernier, il a été exposé qu'on connaît en France, depuis long-temps, l'usage du plâtre sur les feuilles naissantes, et que cependant on l'emploie moins qu'en Allemagne et en Angleterre.

2°. Aux végétaux : tels sont *les herbes et racines fermentées, les récoltes enterrées en vert, les prairies retournées et les chaumes enfouis.*

3°. Aux animaux : toutes *les matières stercorales des étables, des fosses d'aisance; celles des colombiers et des basses-cours; le pacage des moutons; l'urine liquide ou l'urate calcaire; le sang, les eaux grasses et les matières putrides; les engrais animaux solides, tels que les râpures de cornes, les os, les vieux cuirs et les chiffons.*

C'est dans ces trois règnes que les Anglais ont choisi des substances pour en former leurs fumiers appelés *composts*, parce qu'ils sont composés généralement de racines d'herbes parasites, enlevées du champ avec l'*extirpateur*. De ces racines on forme une couche sur laquelle on pose une autre couche de chaux non décomposée, et une troisième faite avec les dépôts de feuilles et de terreau qu'on prend au fond des fossés, et les gazons qui sont sur les rives et les ados. Plusieurs y mêlent *des terres qu'on prend au fond des mares et des étangs, de la suie, du tan, les balayures des rues, les lies de vin et les matières fermentées et putrides de toute nature ; le poussier de tourbe, les cendres, les feuilles ratissées sur les bords des fossés, les végétaux qui ont servi de litière, tels que les branches de sapin, les tiges de maïs;* enfin toutes les substances dans les trois règnes de la nature, qui, étant décomposées ou susceptibles de l'être, offrent des sels qui accélèrent l'action végétale.

Mais l'engrais qui exige moins de main-d'œuvre et moins de soins, celui qu'on peut considérer comme une conquête de l'époque présente, c'est le seigle enterré en vert par les méthodes que les Italiens appellent *soveschio* (1).

L'usage d'enfouir les récoltes en vert remonte aux époques les plus anciennes : les

---

(1) *Del soveschio della segala*, Torino , 1820, de G.-A. Giobert.

Grecs enfouissaient les fèves, la vesce et les petits-pois lorsque ces végétaux étaient arrivés au moment de la floraison ; les Romains faisaient usage des lupins dans les mêmes cas ; les Italiens les emploient encore dans les terres rouges et ferrugineuses, et dans celles où il y a de petits vers qui détruisent les racines des grains : le lupin est doué d'une âcreté qui a la propriété de détruire ou d'éloigner ces insectes. Mais la méthode qui offre des avantages incontestablement supérieurs est, je le répète, celle qui est pratiquée en Piémont, dans la Lombardie, et dans quelques contrées des États vénitiens, c'est *le seigle enterré en vert.*

Après la récolte du froment, on donne à la terre un labour, qu'on répète si elle n'est pas assez divisée. On sème le seigle ou clair ou abondant, selon la qualité de la terre. Si le sol est bon et bien préparé, on fait deux coupes de fourrages avant l'hiver ; au printemps suivant, le seigle que ces deux coupes ont fait taller repousse de nouveau ; lorsque l'épi, sorti du tube, est près d'entrer en fleur, c'est le moment qu'il faut saisir pour se hâter de l'enfouir ; s'il était trop mûr, sa décomposition serait plus lente et procurerait à la terre moins de parties végétales.

Les canaux favorisent l'agriculture non-seulement en étendant les voies de communication, mais encore comme réservoirs d'arrosage et moyens de fertilisation.

Le commerce ne les considère que sous le premier rapport ; l'agriculture obtient par eux de doubles avantages.

L'abandon que les Mahométans firent des canaux d'Égypte réduisit les terres qui, sous Auguste, d'après Pline, produisaient cent pour un, à ne donner seulement que douze pour un. On attribue l'extrême fertilité de la Chine à l'usage des canaux, que les habitans de ce pays ont emprunté des Égyptiens.

Les Italiens regardent les irrigations comme cause première de fertilité ; les terres non irrigables ont, chez eux, une valeur relative beaucoup moins grande ; les eaux d'arrosage sont d'autant plus fécondantes qu'elles ont

moins de crudité, et qu'elles sont plus éloignées de leurs sources ; celles qui viennent
d'un lac, par exemple, celles qui viennent
de celui de Como, parcourent la province du
Milanais, et forment autour de la capitale
un vase d'eau qu'on appelle *le Naviglio*, sont
bien meilleures que celles qui sortent des
montagnes et des rochers.

Combien est grand encore l'avantage que
procurent à l'agriculture les eaux d'irrigation, lorsqu'après avoir parcouru l'intérieur
des villes elles en emportent toutes les immondices. C'est un des bénéfices dont jouit
l'agriculture dans les environs de plusieurs
villes d'Italie, où les arrosages charrient sur
les terres et sur les prairies tous les balaya-
ges et toutes les boues des rues.

Si la position de Paris eût permis que ses
immondices, au lieu d'être dirigées vers la
Seine, fussent allées fertiliser les campagnes,
elles eussent produit sur leurs plaines l'effet
des arrosages du Nil.

Quoique les règles de l'hydraulique ne
soient pas suivies avec autant d'attention en

France qu'en Italie, il existe pourtant plusieurs contrées où elles ne sont pas négligées;
le canal de Crampone (qui porte le nom de
son auteur), dans la plaine d'Arles, parcourt
une vallée de douze lieues de long; il a
changé en plaines fertiles des lieux qui étaient
presque déserts avant sa création. On pratique les arrosages en Flandre, dans le Dau-
phiné, la Provence, le Roussillon, les Pyrénées; ils sont négligés dans l'intérieur, où
l'habitant, quelquefois découragé, semble
ignorer que l'eau est une source de richesse
ou une cause de ruine, suivant la manière
de la diriger (1).

Toute personne qui s'occupe d'économie
agricole reconnaîtra que les accidens du climat et du terrain ayant dû créer des conditions bien différentes entre un pays et un
autre, il n'est guère possible de renfermer

_____

(1) Plusieurs ouvrages ont parlé de la machine hydraulique de M. Arnolet, ingénieur des ponts et chaussées,
à Dijon, qui donne le double des produits avec les
mêmes forces employées par les machines qui ont été
jusqu'ici inventées.

un article sur les constructions rurales dans
des règles générales, et que vouloir les analyser, ce serait entreprendre un travail qui
n'appartient qu'aux hommes versés dans cette
matière. Je crois donc devoir inviter ceux
qui voudront acquérir des notions utiles sur
cette question à consulter le bel ouvrage de
M. de Morel-Vindé, publication récente qui
renferme les plans, coupes et élévations des
constructions rurales, avec des détails très-
soignés.

J'avouerai, néanmoins, qu'après avoir parcouru, à diverses époques, l'Italie, la Suisse et
l'Espagne, je n'ai rien vu, dans les constructions rurales destinées à la demeure du pauvre, qui m'ait plus séduit, sous le rapport de
la simplicité de la construction, et sous celui
de la commodité, que les maisons à la *sarra-*
sine. C'est d'après la distribution qu'elles offrent que j'ai formé les plans exposés à l'article
Colonies de bienfaisance.

Il serait long et peut-être difficile de
réunir dans un tableau les différentes vues
qui ont été produites sur l'économie agricole

en France, depuis que cet art a franchi ses anciennes limites. Je vais en analyser quelques-unes :

En 1771, M. Bertin, contrôleur général sous Louis XVI, forma une École d'agriculture dans sa terre d'Anet, près Compiègne, sous la direction de M. Sarey de Juliers.

En 1789, M. le chevalier de Rigny proposa l'établissement d'un corps militaire agricole ; vers cette époque, M. de Colbert, colonel du régiment de Picardie, voulut faire, à la tête de ce corps, la reprise des travaux du canal de Picardie, et encouragea ses soldats en donnant le premier coup de pioche.

En 1819, M. Cadet de Gassicourt proposa la formation de colonnes nomades à-la-fois militaires et agricoles.

Il existe plusieurs fermes expérimentales en France ; on cite celle que dirige M. Oberlin, au Banc de la Roche, en Alsace ; celle de Roville, près de Nancy, dirigée par M. Mathieu de Dombasle ; celle de Liancourt, établie dans la terre de M. le duc de la Rochefoucauld ; et une dernière dans les environs de Bordeaux, sous la direction de M. John Dorter.

Les fermes de Rambouillet réunissent dans leur ensemble le complément d'une seule branche d'économie agricole, celle des mérinos; on ne pouvait attendre qu'une pensée généreuse de la part de leur auguste fondateur (1): cette idée mère fut féconde en résultats heureux, qui contribuèrent à diminuer les besoins de nos fabriques des matières de l'étranger; la situation de cet établissement ne lui permet pas d'embrasser la généralité des théories agricoles.

En parlant des dépenses de la marine française, plusieurs auteurs ont trouvé que les sommes qu'elle coûte seraient employées plus utilement à l'amélioration de notre sol; mais l'agriculture, pour prospérer, n'a pas besoin de s'élever sur les ruines des autres arts; c'est elle qui doit fournir à la marine ses agrès, ses bois de construction, et même les hommes vigoureux qui pourraient être appelés

_____

(1) Louis XVI.

à son service. Arthur Young, en venant en France, s'est écrié qu'il ne concevait pas comment les Français, avec un sol si riche, ne réunissaient pas toutes leurs vues sur l'agriculture; mais Arthur Young était anglais, et il ne savait pas qu'exciter les Français à être agriculteurs, c'était les inviter à conserver tous leurs droits politiques.

Les colonies françaises sont avantageuses à l'agriculture, et leur opulence ne peut que fournir un emploi aux produits de nos arts, et de notre industrie agricole et manufacturière; la reprise des anciens établissemens ne pourrait que favoriser l'écoulement de nos denrées; mais les probabilités les plus fondées de succès seraient-elles des motifs raisonnables de tenter la rentrée en possession, quand il existe en Europe, parmi les puissances, deux opinions inconciliables : l'une qui s'attache à l'ordre de choses anciennement établi, et l'autre, qui, fondant par-tout son protectorat, crée des nations, forme des institutions, et cherche à profiter de la civilisation naissante pour étendre les débouchés des produits de son

industrie? Tant que cet état de choses du-
rera, il n'y aura pas de possessions en Amérique qui ne soient une illusion.

Saint - Domingue n'est plus ce qu'il était
il y a trente ans; les lois, les mœurs, les
hommes, tout y a changé, jusqu'au nom de
cette île.

Mon but étant de considérer les colonies
et la métropole dans les rapports de leur influence réciproque sur leur agriculture, sans
m'interposer entre une politique moderne et
celle antérieure, j'indiquerai comme un des
moyens de défense ou de conservation les
moins déplorables celui qui existe dans la
fondation d'une institution sage et protectrice des intérêts de la métropole.

Le Gouvernement a besoin, dans ses possessions transatlantiques, d'hommes de couleur capables de régir une habitation, et qui
aient pris, avec les habitudes de la religion,
de l'ordre et de l'éducation physique et morale, le sentiment de l'attachement pour la
métropole. En formant dans la contrée la
plus méridionale de la Provence ou dans l'île

de Corse (1) un établissement d'instruction théorique et pratique d'agriculture, composé d'hommes de couleur, ce serait un moyen de maintenir les liens réciproques, et de créer des hommes qui, se souvenant toujours de la terre hospitalière sur laquelle ils auraient reçu leur première éducation, seraient nécessairement attachés à la France par les premières impressions, qui peuvent bien s'altérer, mais qui ne se détruisent jamais chez l'homme. Les chefs de travaux, étant du même sang que les nègres qu'ils seraient destinés à conduire, auraient toujours plus de moyens de maintenir le bon ordre et la subordination envers les propriétaires des établissemens.

Dans l'ordre général, celui qui, par insouciance ou bien par des événemens malheureux auxquels il ne peut remédier par lui-même, abandonne son terrain, porte préjudice à la société, qui, par là, se trouve privée des fruits de cette portion de terre ; celui qui cultive son domaine de manière à ce que

---

(1) Voir tome II, *Ile de Corse.*

ses productions ne servent que pour lui seul
n'est pas utile à l'État; et celui qui, par ignorance ou bien par fantaisie, sacrifie à des
dépenses stériles ce qui eût dû servir à la
reproduction, est encore un homme qui travaille contre le bien général. La connaissance
et l'esprit des méthodes utiles, soutenus par
le Gouvernement, devraient donc ici atteindre un double but : le premier, celui de
chercher à porter assistance au malheur; le
second, de combattre l'insouciance, l'égoïs-
me, la fantaisie et l'ignorance.

Dans le pays le plus peuplé de la terre,
l'abandon d'un terrain entraîne la perte de
sa propriété; car, en Chine, celui qui laisse
son champ sans le cultiver perd le droit de
possession.

L'empereur Pertinax voulut que le champ
laissé en friche appartînt à celui qui le cul-
tiverait.

Louis XIV permit de mettre en culture
les terres abandonnées, sans être obligé de
rembourser le propriétaire, et les successeurs
de ce prince, par une suite de lois et de régle-

mens, ont défendu la saisie des meubles, des harnois, des instrumens et bestiaux de labourage; ils se sont plus ainsi à protéger l'agriculture, et à favoriser les habitans des campagnes.

Maintenant je parlerai des effets du manque de travail : des fermiers de la Beauce, entourés, il y a peu de temps, d'une classe d'individus réduits à la mendicité, prirent la résolution de faire distribuer des secours en pain, les vols ne discontinuèrent pas ; des incendies furent attribués à la vengeance, excitée par le refus de ces fermiers de faire l'aumône en argent.

L'homme dont le travail vient à manquer, ou par l'effet de l'encombrement des marchés, ou parce que des grains arrivés de la Crimée ont rendu son travail inutile, se trouve surpris par le besoin sans s'y attendre; un secours en comestible ne lui suffit pas, il faut qu'il évite d'aller les pieds nus, qu'il soit vêtu; les besoins de l'homme ne se réduisent pas, comme ceux des animaux, à la seule pâture, il lui faut donc d'autres ressources que celle du pain; la charité de ces fermiers eût été plus complète et mieux rai-

sonnée, si, n'ayant pas besoin de main-d'œuvre, ils avaient compris qu'il faut que le
chef d'entreprises rurales sache, dans la mauvaise saison, se soumettre à des sacrifices, en
faisant exécuter des travaux qui ne lui rendront pas ses avances.

Autrefois l'on créait des greniers d'abondance, des réglemens de Henri II, Henri IV,
Louis XIV et Louis XV, ont établi des mesures de prévoyance contre les disettes qui ont
ravagé la France, aujourd'hui à côté de cette
somme de biens que porte avec elle l'abondance, se trouve placée une cause d'inquiétude, c'est celle de la rareté du travail.

Lorsqu'il n'y a plus entre le fermier et ses
ouvriers un échange de services mutuels ;
lorsque le premier ne traite plus qu'au rabais,
l'ordre est interverti : alors quand les fruits de
la terre n'offrent plus à celui qui les a cultivés les moyens de satisfaire à ses besoins; lorsqu'en travaillant une semaine il vit sans espoir
et sans garantie d'une occupation utile pour la
semaine suivante, il faut des mesures de prévision et qu'elles soient générales : sans cela, un

premier symptôme de décadence se manifeste,
les mariages et les naissances diminuent, la mor-
talité augmente, et quoique nous soyons loin de
ces funestes effets, ce n'est point une raison pour
ne pas les prévoir et chercher à les prévenir.

Le comte Dandolo, dans l'ouvrage très-ac-
crédité que j'ai déjà cité, attribue au bas prix
des grains l'augmentation sensible du prix des
terres, parce que l'extrême avilissement du prix
de la denrée de première nécessité déplaçant
les capitaux et restreignant tous les besoins,
ceux qui possèdent ces mêmes capitaux cherchent un autre moyen de les faire valoir, et
ne le trouvent que dans des valeurs très-élevées,
à la vérité, mais qui offrent toujours un gage.

Quand à une extrême disette, ajoute le même
auteur, succède un avilissement complet, il en
résulte que la population, pendant les premières années qui ont succédé à la disette, a sem-
blé respirer ; mais bientôt elle s'aperçoit qu'un
premier excès va réagir vers un excès contraire.
Il faut au laboureur un char de grain pour
payer le charron quand auparavant, avec deux
sacs, il l'eût satisfait ; il lui en faut un sac pour

avoir un cercle de roue quand précédemment, avec deux boisseaux, il se serait acquitté; le charron travaille moins, le marchand de fer consomme moins; ceux qui, par prévoyance, gardaient du blé chez eux, ne font point de provisions, parce qu'ils n'ont plus la crainte de manquer : l'opinion de l'abondance est aussi nuisible au prix de la denrée que l'abondance même. Les capitaux qui étaient employés à ces denrées cherchent un autre emploi, ils ne le trouvent qu'à des conditions défavorables, à cause de la concurrence : alors le capital de la société diminue, car le propriétaire dépense plus d'argent pour avoir moins de produit.

Si le mal qui provient de l'abaissement du prix des blés avait son principe dans l'intérieur, on pourrait chercher à le détruire; mais quand il vient de l'extérieur, on ne peut que chercher à en régler les effets. Notre position, comparée à celle de la Puissance qui nous offre ses denrées, sera toujours préférable à la sienne, car nous avons la plus grande partie de celles qu'elle peut nous offrir; tandis que

rien ne peut remplacer chez elle nos eaux-
de-vie, nos vins, nos soies, nos huiles et nos
laines; il ne s'agit donc que de mettre, par
une culture intelligente, nos ressources en
harmonie avec ses besoins.

Toute denrée qu'il n'est plus possible d'é-
changer ne représente plus qu'une non-valeur, qui gêne la circulation et détruit l'aisance; elle influe sur l'activité du commerce :
alors le remède est moins dans les mesures
exceptionnelles que dans les développemens
de la science de l'économie.

Aujourd'hui l'agriculture en France a moins
besoin d'hommes que de capitaux, d'encouragemens et d'instruction. Le Gouvernement,
qui protège ce premier moteur de la prospérité publique, s'il fait des sacrifices, ne fait
que des avances; car les agens des finances
ont plus à percevoir si les produits abondent. On voit en Espagne des bureaux de
perception où les frais excèdent du double le
montant des recettes, parce qu'il n'y a point
de produits, point de travail, et qu'il n'y a
dans ces situations que des consommations

stériles ; cependant l'administration financière
y est organisée et payée comme si elle recevait de fortes sommes au profit de l'État.

Pitt, apprenant que plusieurs contrées de
l'Angleterre se trouvaient dans un état de dé-
tresse, fit partir sur-le-champ plusieurs cha-
riots d'or pour venir à leur secours. Colbert,
pénétré de la nécessité de soulager les provinces, proposa la création d'une caisse d'utilité publique destinée à cet objet, et M. de
Vaublanc, dans la session de 1823, le 8 juillet, a reproduit cette idée en proposant d'enlever pendant quatre ou cinq ans vingt-cinq
millions à la caisse d'amortissement pour subvenir aux besoins des provinces.

Un Gouvernement qui ne protégerait que
le commerce sans protéger l'agriculture joue-
rait avec le sort. Pour détruire des capitaux
employés dans des établissemens lointains il
n'a fallu qu'un jour, des améliorations sur
notre propre sol offrent aux générations la
certitude d'un héritage, aux pères l'objet d'une
espérance, aux enfans la preuve de la prévoyance. Le bon Henri le sentait ; il avait re-

connu que le goût qui distingue les fabriques
françaises en soieries, et sur-tout le fini et la
beauté de leur travail, avaient besoin d'être
entretenus par les encouragemens donnés à
la culture du mûrier, et que cette industrie
ne pouvait se soutenir dans tout son éclat si
elle était dépendante, des ressources éven-
tuelles des productions étrangères.

Les théories qui tendent à fonder la véritable aisance offrent un classement aux hommes ; ce serait une erreur de croire qu'elles
doivent entraîner cette surabondance de population, véritable maladie pour certains états :
on remarque généralement que les familles
aisées sont peu nombreuses ; c'est moins l'aisance qui est la cause de l'augmentation de la
population en Suisse, en Angleterre et en
Hollande, que les connaissances acquises sur
les moyens de conserver la santé. La nécessité n'empêche pas les hommes de se multiplier, mais elle produit de funestes effets ; elle
dégrade le caractère ; les Sauvages et les Indous, qui vivent sans prévoyance et sans garantie de leur subsistance, multiplient beau-

coup. « L'indolence, chez eux, produit les
» besoins irrités ; elle éteint les plus douces
» affections de la nature ; les mères y vendent
» leurs enfans ; l'hymen y perd la pureté de
» son culte, et les liens les plus sacrés n'y sont
» pas respectés (1). »

L'État le plus riche n'est pas toujours celui
qui fait le plus d'épargnes, mais celui dont
les dépenses ont pour objet l'augmentation
des richesses : en jetant des regards en arrière, l'on reconnaît qu'il est peu d'époques
qui ne présentent des sujets de méditation sur
cette vérité, à laquelle se rattachent les plus
grands événemens historiques ; la France, la
terre des sciences, des arts et de l'hospitalité,
fut plus d'une fois désolée, parce que, dans le
choc des nombreux intérêts privés, l'influence
des richesses pastorales sur le bonheur des
hommes et le secret de les améliorer ont été
méconnus.

(1) *Voyage dans l'Inde;* par Devaueel.

FIN DU TOME PREMIER.

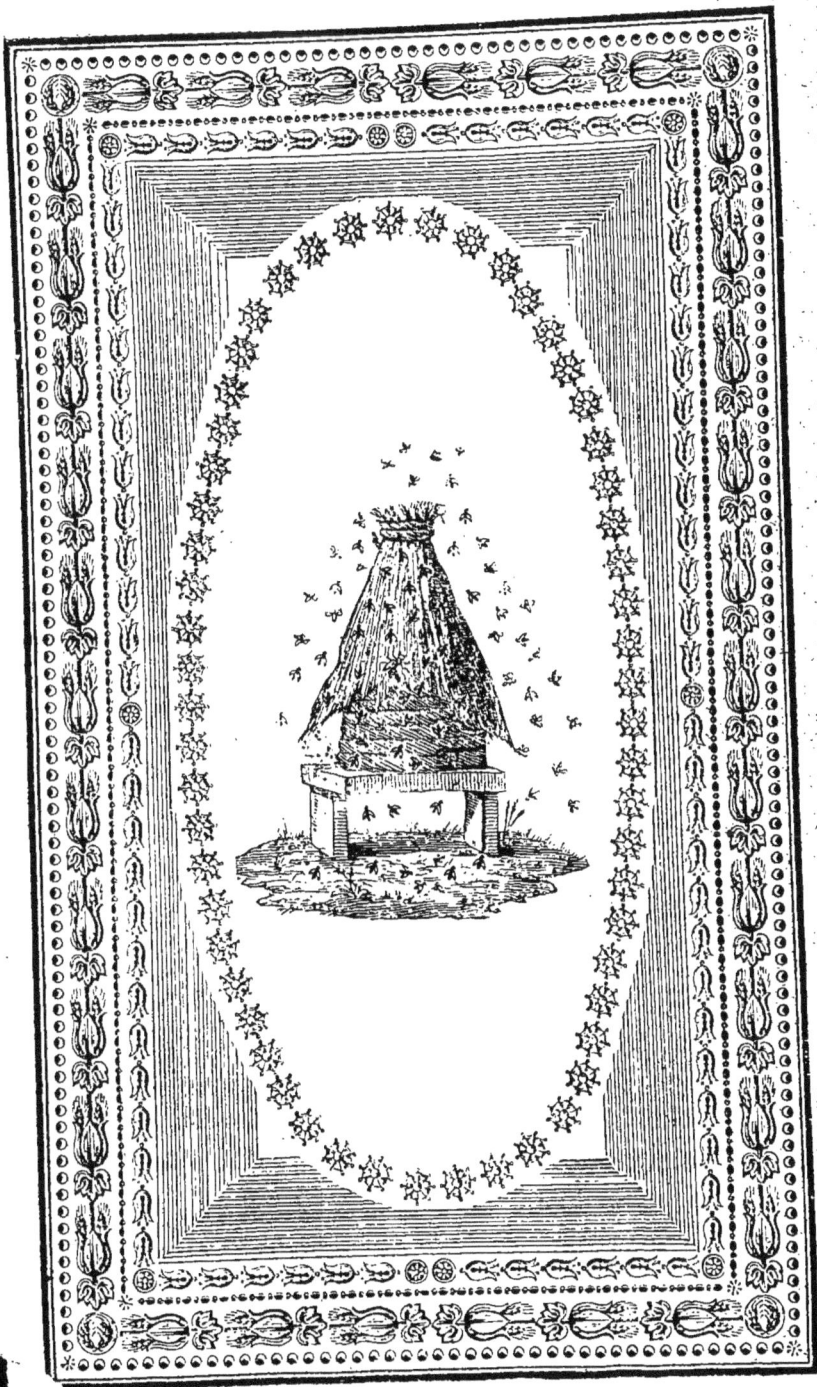